Dieter Mende
EEZ Energie Energiewirtschaft Zukunftsenergien

**Fake-News, Fake-Videos gegen die Energiewende
erkennen und hinterfragen.
Was macht die Menschen so empfänglich dafür?
Woran kann man sich dann noch orientieren?**

Diese Energiewende ist nicht die erste Energiewende.

**Der global boomende Jobmotor Energiewende
ermöglicht mit dem Wasserstoff den Energiemärkten
eine bisher nicht gekannte Flexibilität und Dynamik.**

Wenn Ihnen jemand sagt, Sie/Er könne Ihnen innerhalb von wenigen Minuten die Energiewende erklären, dann sollten Sie äußerst skeptisch sein.

EU-/Bundes-/Landesweit denken und vor Ort handeln ist kein Widerspruch, sondern vielmehr dynamische Energiepolitik.

Dieter Mende

Dieter Mende
EEZ Energie Energiewirtschaft Zukunftsenergien

**Fake-News, Fake-Videos gegen die Energiewende
erkennen und hinterfragen.
Was macht die Menschen so empfänglich dafür?
Woran kann man sich dann noch orientieren?**

Diese Energiewende ist nicht die erste Energiewende.

**Der global boomende Jobmotor Energiewende
ermöglicht mit dem Wasserstoff den Energiemärkten
eine bisher nicht gekannte Flexibilität und Dynamik.**

Impressum

© 2024 **Dieter Mende**, EEZ Energie Energiewirtschaft Zukunftsenergien
www.eez-mende.de

weitere Mitwirkende:

Antje Mende,   LIKES Layout – Impuls – Konzept – Entwurf – Style;
Moderne Medien-, Text- und Bildberatung

Herstellung und Verlag: BoD – Books on Demand, Norderstedt

ISBN: 978-3-7597-0632-4

Inhaltsverzeichnis

Prolog

Mein Antrieb zur Erstellung von Reporten und Büchern ist zum einen die Leidenschaft für die Herausstellung der Chancen und der Möglichkeiten im Potenzialraster der Energiewende mit dem Energieträger Wasserstoff, zum anderen der Ehrgeiz zum Auf- und Ausbau einer Wasserstoffinfrastruktur mit der Werbung branchenübergreifender Leistungsträger, mit der Identifizierung von zukunftsfähigen Beiträgen und mit den daraus entstehenden und einander ergänzenden Kompetenzen.

Die Zielgruppe dieses Buchs ist weit gefächert; das Buch richtet sich zum einen an die weniger Technik affinen Leser*innen, zudem auch an Schüler*innen und Lehrer*innen, sowie an Politiker*innen bis hin zu Unternehmer*innen und Techniker*innen.
Damit das gelingen kann, wird zu Beginn des Buchverlaufs die Grundlage geschaffen, dass jede:r die Ausgangslage der Energiewende erkennen kann.
Daher ist der Buchverlauf derart gestaltet, dass den weniger Technik affinen Leser*innen nicht zu viel abverlangt an technischem Grundverständnis, dass der Buchverlauf für die Unternehmer*innen und Techniker*innen nicht langweilig erscheint.
Im Ergebnis sollen die Leser*innen mit dem ersten Kapitel abgeholt sein in ein gemeinsames Grundverständnis für die Energiewende. Mit dem zweiten Kapitel bekommen die Leser*innen die ganzheitliche Einsicht von den Quellen, die regenerativen Pfade der Energieerzeugung, bis zu den Senken, die mobilen und stationären Anwendungen.

Lassen sie sich davon begeistern, dass Veränderungen sehr viele Chancen ermöglichen, dass Veränderungen ohne Übertreibung sehr spannend sind und dass Veränderungen viel Begeisterung für die Zukunft auslösen können.
Lassen Sie sich bitte nicht verunsichern durch die bewusst erzeugten Irritationen seitens der Lobby gegen eine Energiewende, da die Lobby gegen eine Energiewende bewusst unvollständig argumentiert.

Die Energiewende muss ganzheitlich betrachtet sein, damit die Zusammenhänge erkennbar werden können, welche den wesentlichen Einfluss haben auch auf den Klimawandel und auf die Umwelteinflüsse.
Die Energiewende muss ganzheitlich betrachtet sein, damit das fundierte Technologie-Know-how und das Infrastruktur-Know-how optimal in die bestehenden Energiemärkte integriert werden kann und auch die bestehenden Energiemärkte erweitern kann.

Sie erfahren mit dem Buchverlauf zugleich die sicherlich spannendsten Entwicklungen der modernen Welt mit den Herausforderungen von Heute; dies zum einen mit Blick auf den Erhalt der Energieversorgungssicherheit für die Menschen, dies zudem mit Blick auf die vielen Chancen für die kommenden Generationen.
Die Energiewende ist sehr viel mehr, als nur eine zunehmende Nutzung der Erneuerbaren Energien!
Die Energiewende ist ein Jobmotor.

Soll die Energiewende gelingen und sollen die vereinbarten Klimaziele gelingen, ist der unmittelbar startende Ausbau der regenerativ erzeugten Energien alternativlos.

Diese Energiewende ist nicht die erste Energiewende

Mit der ersten Energiewende, von dem Verbrennen des Holzes hin zu dem Verbrennen der Kohle, wurde seitens der Holz-Lobby mit den Ängsten der Menschen gespielt, indem behauptet wurde, dass mit dem Abbau der Kohle aus statischen Gründen dem Untergrund gar nicht so viel Volumen entnommen werden kann, damit eine ausreichende Energieversorgung sichergestellt sein kann.
Der europäischen Wirtschaft wurde damit der Untergang vorhergesagt. Es wurde zudem behauptet, dass der Abbau der Kohle einen Einfluss auf die Platten-Tektonik haben kann, einen Einfluss auf die Bewegung der europäischen Erdplatte haben kann, so dass in Europa der Vulkanismus ausbrechen kann.

Mit der zweiten Energiewende, von dem Verbrennen der Kohle hin zu dem Verbrennen des Erdgases, wurde seitens der Kohle-Lobby mit den Ängsten der Menschen gespielt, indem behauptet wurde, dass es aus technischen Gründen gar nicht möglich sei, in einem derart großen Erdgasnetz einen gleichmäßig großen Gasdruck vorzuhalten.
Der europäischen Wirtschaft wurde damit wieder einmal der Untergang vorhergesagt.

Mit der aktuellen Energiewende wird der Wirtschaft in Europa wieder einmal der Untergang vorhergesagt, dieses Mal seitens der Lobby pro fossile Energieträger Kohle und Erdölprodukte. Es wird behauptet, dass die erneuerbare Energieerzeugung mit dem Wind und mit der Sonne zu wechselhaft ist und dass damit keine Versorgungssicherheit möglich sein kann.

Es wird erneut der europäischen Wirtschaft der Untergang vorhergesagt aufgrund der zu erwartenden Dunkelflaute, wenn z.B. in der Nacht der Wind nicht weht und wenn dann zugleich die Sonne nicht scheint. Wir wissen, dass das nicht richtig ist.

Aktuell müssen an den windreichsten Tagen bis zu 65% der grundsätzlich erzeugbaren elektrischen Energie abgeregelt werden für den Schutz der elektrischen Netze vor der Überlast. Es kann in ein elektrisches Netz immer nur soviel elektrische Energie eingespeist werden, wie zeitgleich an anderer Stelle dem elektrischen Netz die elektrische Energie entnommen wird.

Die kurzzeitige, lokale Speicherung der elektrischen Energie gelingt mit den Batterien, die mittelfristige bis langfristige Speicherung der elektrischen Energie gelingt mit der Erzeugung des Wasserstoffs.

Ein weiteres Beispiel der Energiewende zeigt sich mit dem Blick auf die Mobilität. Mit der Mobilitätswende, von den Pferdekutschen hin zu den motorisierten Kraftfahrzeugen, wurde seitens der Kutschen-Lobby mit den Ängsten der Menschen gespielt, indem gesagt wurde, dass zum einen der benötigte Kraftstoff gar nicht ausreichend zur Verfügung stehen kann und der benötigte Kraftstoff nur in der Apotheke erhältlich sei, dass zum anderen der benötigte Kraftstoff sehr viel teurer ist als das Gras für die Pferde und dass in Folge die Waren erheblich teurer werden mit einer zeitlich sehr unzuverlässigen Verteilung durch Defekte an den motorisierten Kraftfahrzeugen.

Das mit der Energiewende neu entstehende Technologie-Know-how, Infrastruktur-Know-how und Energie-Know-how ist bereits heute erkennbar als global boomender Job-Motor. Es entstehen neue und zugleich zukunftsfähige Arbeitsplätze, bevor andere Arbeitsplätze wegfallen, es entstehen zudem beträchtlich mehr neue Arbeitsplätze, als nachfolgend alte Arbeitsplätze wegfallen.

Weltweit nutzen die Industrie-Staaten, aber auch die USA sowie die Schwellenländer und die Transformationsländer, wie China, Indien oder auch Brasilien, unsere Energie-kompetenzen.
Eine zunehmend starke Rolle haben die KMU Klein- und Mittelständischen Unternehmen übernommen hinsichtlich der Entwicklung und Herstellung der zukunftsweisenden Energietechnologien; dies zudem mit den entsprechenden Dienstleistungen und Serviceangeboten.

Die exzellente Qualifizierung von Facharbeitern, das Human-Kapital, ist ein weiterer Schlüssel der Erfolgsgeschichte in Europa.

Ein Anfang der Integration der deutschen Industrie in die europäische Industrie entstand mit der Kohle- und Stahl-Industrie: der europäische Vertrag über eine Gemeinschaft für Kohle und Stahl (EGKS) wurde am 18. April 1951 mit Belgien, Frankreich, Italien, Luxemburg, den Niederlanden und der Bundesrepublik Deutschland verfasst, deren Laufzeit mit 50 Jahren beschlossen wurde.

Das Ruhrgebiet galt mit den zahlreichen, historisch aktiven Industrien als "das Land der zehntausend Feuer." Mit dem Fokus auf die Stromerzeugung und den Stromverbrauch in Deutschland ist das Land Nordrhein-Westfalen auch heute noch das Energieland Nr.1.

Mit der Innovation der deutschen Energiewirtschaft haben sich seit 1951 parallel zu der Kohle-Industrie auch die konventionellen Energieträger Erdöl und Erdgas in den Märkten etabliert. Ergänzt wurde die Energieerzeugung später mit der atomaren Energieerzeugung, welche sich herausgestellt hat als die teuerste Energieerzeugung, so dass z.B. Frankreich die Energieerzeugung verstaatlicht hat. Die wohl alles entscheidende Rolle eines Standortes mit dem Blick auf die Energieerzeugung, mit dem Blick auf eine Energie-Region, sind die Fähigkeiten, Energie zugleich wirtschaftlich, effizient, ökologisch, nachhaltig und umweltverträglich zu erzeugen und bereitzustellen.
Sowohl ein exzellentes Umfeld mit Hochschulen und Forschungseinrichtungen, als auch die industrielle und technische Kompetenz der Wirtschaft, sind die innovative Basis, mit einer regionalen Wirtschaftsförderung als Motor. Dies galt in der Vergangenheit für die fossile Energieerzeugung und dies gilt heute für die Erneuerbaren Energien.

Mit dem Blick auf die Reichweite der aktuellen Energieträger und auf den zunehmenden Handlungsbedarf zu der Emissionsverringerung, sind die Energiewirtschaft sowie die Energieeffizienz entscheidende Handlungsplattformen der aktuellen Energiewende.

Resilienz, Kipppunkte und der Rebound-Effekt

Resilienz und Kipppunkte sind aktuell gerne genannt in den Medien.

Die Resilienz ist die Anpassungsfähigkeit der Ökosysteme sich an neue Bedingungen anzupassen für deren Erhalt und für deren Fortbestand.
Mit dem Blick auf die Energiewende wird erkennbar, dass die Anpassungsfähigkeit an neue Bedingungen nur bis zu einem gewissen Punkt gelungen ist, dass die Ökosysteme mit dem Klimawandel bereits das Überschreiten der Fähigkeit zur Anpassung deutlich zeigen.

Ja, es ist richtig, dass mit dem Blick auf die Evolution immer wieder einmal Tierarten und Pflanzenarten verschwunden sind von der Erde, das aber jeweils bis hin zu Millionen von Jahren, so dass den verschwindenden Arten die neuen Arten folgen konnten. Aber das, was wir aktuell erleben z.B. mit dem Rückgang mancher Insektenarten laut NABU bis hin zu 75%, ist die Folge des aus heutiger Erkenntnis fehlerhaften Agierens der Menschen. Der Mensch hat mit dem Blick des Verlaufs der Evolution der Erde in wenigen Jahren derart viele Veränderungen ausgelöst, so dass es seitens der Natur keine Anpassungschancen gegeben hat.

Das Erreichen der Kipppunkte, an denen die Ökosysteme irreparablen Schaden nehmen mit den zu erwartenden Auswirkungen, muss vermieden werden.

Die Vermeidung unumkehrbarer globaler Folgen mit dem zu erwartenden katastrophalen Ausgang für das Leben auf der Erde, ist tatsächlich realisierbar mit den regionalen und mit den lokalen "Schwarm-Beiträgen".
Schwarm-Beiträge, das ist die Summe aller Kleinst- und aller Projektbeiträge, welche in einer Stadt oder in einer Gemeinde geplant und umgesetzt werde.
Die Schwarm-Beiträge sind in der Summe das gemeinsame Vielfache mit einem enormen Effekt der Akzeptanz in der Bevölkerung, sowie in der Mitnahme der Menschen und der dann daraus resultierenden Initiative-Vielfalt.

Die realisierbaren lokalen, regionalen und überregionalen "Schwarm-Beiträge" können mit deren Ergebnissen tatsächlich auch die Aufklärungsarbeit in der Bevölkerung fördern; das Ziel ist nicht die Neugier in der Bevölkerung, das Ziel ist die nachhaltige Akzeptanz der lokalen, der regionalen und überregionalen Arbeit.

Das Präsentieren der Ergebnisse in den sozialen Medien ist zu einem sehr wertvollen Multiplikator geworden!
Das Teilen der wertvollen Ergebnisse löst jedoch keine Eigen-Dynamik aus. Das Pflegen der Kommunikation zu den Ergebnissen ist eine wichtige Basis für das weitere Erreichen der durchaus anspruchsvollen Ziele.

Kipp-Punkte ist eine Bezeichnung, die mit Blick auf die Energiewende das System des Erdklimas betrifft. Immer dann, wenn die naturwissenschaftlichen Themenfelder Biologie, Physik und/oder Chemie genauer betrachtet werden, sind die komplexen Zusammenhänge erkennbar.

Nicht anders verhält es sich mit dem komplexen System des Erdklimas. Kipp-Punkte ist im übertragenen Sinn eine Bezeichnung angelehnt an die Reihenfolge fallender Dominosteine. Werden durch den menschlichen Einfluss die Zusammenhänge des Erdklimas gravierend verändert, so dass sich ein natürlicher Ablauf verändert, löst das unumkehrbar Folgereaktionen aus.

Als Kipp-Punkte sind beispielhaft in den Veröffentlichungen der Forscher oft benannt das Abschmelzen des ewigen Eises oder der Zusammenbruch des Einflusses der Regenwälder. Die tatsächlichen Kipp-Punkte sind zahlreich und erst dann erkennbar, wenn das Erdklima noch intensiver die Betrachtung erfährt. Die Zunahme der Erdtemperatur zeigt schon jetzt Folgereaktionen mit den regionalen Dürre-Monaten, mit den regionalen Starkregen, mit den deutlichen Zunahmen von Sturmereignissen; dies zudem mit zunehmender Intensität.

Nicht selten lösen die Erfolge und Ergebnisse einen Rebound-Effekt aus.
Der Rebound-Effekt ist ein Effekt, der das angestrebte Ziel reduziert durch Folgeeffekte.

Mit dem Blick auf die Energiewende wurden mit dem Ziel der Senkung des Energieverbrauchs in dem Beleuchtungssektor mit den LED-Lampen energieeffizientere Lampen als zum Beispiel die Glühlampen in den Markt gebracht; dies sowohl in dem privaten Wohnbereich, als auch in dem gewerblichen und in dem industriellen Bereich.

Das hat dazu geführt, dass das Verhalten der Menschen sich dahingehend geändert hat, dass die Beleuchtung nicht sogleich ausgeschaltet worden ist mit dem Verlassen eines Bereiches der Wohnung oder z.B. des Büros, weil die energieeffizienteren LED-Lampen vermeintlich viel weniger Energiekosten auslösen. Im Ergebnis hat die deutlich zugenommene Beleuchtungsdauer mit dem Fehlverhalten der Menschen das Ziel der Senkung des Energieverbrauchs deutlich reduziert.

Ein weiteres Beispiel des Rebound-Effekts ist die Entwicklung der energieeffizienteren Verbrennungsmotoren für die Fahrzeuge. Besonders in dem Privatbereich ist deutlich erkennbar, dass nicht wenige Menschen eine Bequemlichkeit im Alltag entwickelt haben, welche dazu führt, dass selbst für wenige hundert Meter Stecke, z.B. zum Bäcker, das Auto gefahren wird, anstatt den Weg mit dem Fahrrad zurückzulegen. Im Ergebnis hat die deutlich zugenommene Fahrzeugnutzung mit dem Fehlverhalten der Menschen das Ziel der Senkung der Umweltemissionen deutlich reduziert.

Ein signifikanter Bremser des Erfolgs der Bemühungen um den Klimaschutz und um den Umweltschutz ist die Bequemlichkeit der Menschen. Darum ist der lokale und der regionale Dialog mit den Menschen arg wichtig mit dem Ziel der Sensibilisierung.

Bild:
Eine Situation, die wir zunehmend sehen auch in der Landwirtschaft. Die Erwärmung des Klimas mit den Auswirkungen;
Dieter Mende, EEZ Energie Energiewirtschaft Zukunftsenergien

Zurück in die Zukunft

Die Analogie zu dem Kinofilm "Zurück in die Zukunft" ist gar nicht weit hergeholt, da das Know-how der Brennstoffzellentechnologien und der Wasserstofferzeugung gar nicht neu ist! Sie erinnern sich an den Transportweg in dem Kinofilm?

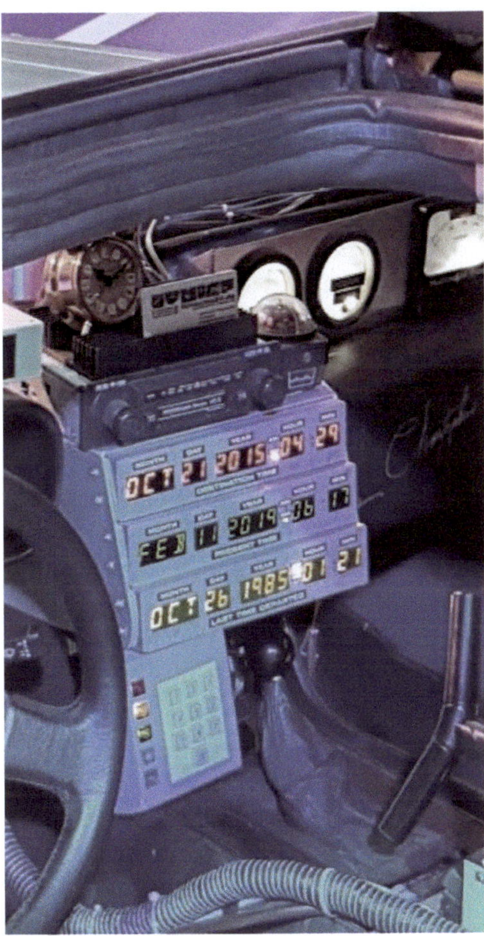

Bilder links und S. 18 oben und unten:

In dem Film "Zurück in die Zukunft" gelangt Marty McFly in die Vergangenheit mit Hilfe einer Zeitmaschine, ein umgebautes Auto Delorean DMC, entworfen in dem Film von Dr. Emmett L. Brown.

Das Fahrzeug-Modell des Films war ausgestellt Februar 2019 im Verlauf der Messe Energy&Water in Essen.

Fotografiert von Dieter Mende, EEZ Energie Energiewirtschaft Zukunftsenergien

Für das Gelingen der Energiewende müssen wir tatsächlich keine Zeitreisen erfinden, die Energiewende gelingt mit der Systemintegration des frei verfügbaren Technologie-Know-hows der Wasserstoff- und der Brennstoffzellentechnologien.

Sowohl die Wasserstofferzeugung mit der Elektrolyse, wie auch die Energierückgewinnung mit der Brennstoffzelle und der Wasserstofftransport, dies alles ist bereits seit ein paar hundert Jahren bekannt und längst kein technisches Novum mehr.

Mit dem Blick auf die aktuelle Situation der Energiemärkte, sowie mit dem Blick auf die aktuelle Klimaerwärmung, MUSS deutlich werden, dass jede einzelne regenerativ erzeugte Kilowattstunde des elektrischen Stroms VOR ORT beiträgt zur Entspannung der großen Herausforderungen an den globalen Energiemärkten, sowie zur Reduzierung der Energiekosten, WENN in Zukunft z.B. Windenergieanlagen nicht abgeregelt werden, weil die Energienetze den grundsätzlich erzeugbaren elektrischen Strom nicht mehr aufnehmen können.

<u>Mit dem Abregeln der Windenergieanlagen, weil die Energienetze den grundsätzlich erzeugbaren elektrischen Strom nicht mehr aufnehmen können, ist diese elektrische Energie unwiderruflich verloren. Somit ist jede andere Form der Energiespeicherung zu bevorzugen, auch wenn mit dem Blick auf den Wirkungsgrad ein tatsächlich sehr geringer Teil der Energie verloren gehen kann mit den Umwandlungsprozessen.</u>
<u>In dem Ergebnis ist mit dem Blick auf das Abregeln der grundsätzlich erzeugbaren elektrischen Energie die Erzeugung des Wasserstoffs eine ergänzende Wertschöpfung mit dem nachfolgenden Ergebnis, dass die zusätzlichen Erträge der gespeicherten elektrischen Energie einen kostensenkenden Effekt haben.</u>

Der Wasserstoff kann genutzt werden für die Rückverstromung in den Situationen, in denen nicht genug der regenerativ erzeugten elektrischen Energie zur Verfügung steht, der Wasserstoff aber auch direkt genutzt werden mit dem Blick auf die Optimierung der Energieeffizienz.

Der erzeugte Wasserstoff kann in einer zukunftsfähigen Energieinfrastruktur in der Energiewende mit der Sektoren-Kopplung nicht nur die Energieprodukte elektrischer Strom koppeln mit der Wärme, mit den gase-Produkten und mit den Kraftstoff-Produkten, der erzeugte Wasserstoff kann zudem auch die Energieanwendungen koppeln mit Power-to-X.

Die Energiewende löst strukturpolitische und industrie-politische Veränderungen aus.

Dies jedoch nicht durch die Ablösungen, sondern vielmehr schrittweise durch die Ergänzungen und Veränderungen.

<u>Die erneuerbaren Energien im Energiemix der Energiewende gewinnen zunehmend an außenpolitischer Dimension und die erneuerbaren Energien sind aktuelle Themen in der EU.</u>

Die Notwendigkeit der Energiewende wurde auch mit der Gas-Krise in der Ukraine zu Beginn des Jahres 2006 deutlich und hat gezeigt, wie wichtig die erneuerbaren Energien sind in dem Energiemix für unsere Energie-versorgungssicherheit.

<u>O-Ton der EU-Kommissionspräsidentin Ursula von der Leyen, 11.09.2019:</u>
„Ich möchte, dass der Green Deal Europas Markenzeichen wird." Ursula von der Leyen beauftragte ihren Vize Frans Timmermans mit der Kontrolle über das Ziel, bis Mitte des Jahrhunderts Klimaneutralität zu erreichen.

2022 war das Jahr, in dem die EU erkennen musste, dass die Abhängigkeit von der Energielieferung durch Länder außerhalb der EU durchaus führen kann in gravierende Einschnitte in der Versorgungssicherheit.
Der Energiespeicher Wasserstoff hat jetzt auch die große Aufmerksamkeit derer, welche sich bislang nicht mit der Energiewende beschäftigt haben.

Erste Antworten auf die Fragestellungen nach den Potenzialen der Energiewende, nach den aktuellen technischen Möglichkeiten, nach der Forschung und Entwicklung, nach den Bemühungen bezüglich einer zukunftsfähigen Energieinfrastruktur, nach den Projektentwicklungen und nach den Erwartungen auf der Zeitschiene bis zur Einführung neuer Technologien, finden sich in den Regionaldialogen im Potenzialraster der Energiewende.

<u>Regionen haben die Chance, dass diese nicht erst am Ende der Energiewende zukunftsfähige und hochwertige Arbeitsplätze bekommen; dies sowohl in ländlich geprägten Landesteilen, als auch in städtisch geprägten Landesteilen.</u>

Die neuen Märkte folgen den Erweiterungspotenzialen und sind auch für die Industrie und für die Dienstleister, für das Handwerk und für den Handel von außerordentlichem Interesse.

Die heute absehbare Durchdringung verschiedenster Märkte durch die Zukunftsenergien bzw. Zukunftstechnologien, zu denen auch der Energieträger Wasserstoff und der Energiewandler Brennstoffzelle gehören, erschließen die Chancen für die angestammten Produktionsprozesse; die etablierte Industriestrukturen erfahren einen innovativen Schub.

Immer dann, wenn Europa eine Wende der Energienutzung erfahren hat, haben Branchen übergreifend zahlreich die Unternehmen zusammengefunden zu den strategisch agierenden Allianzen. Die Basis einer Volkswirtschaft, wie wir sie in Europa haben, ist die Bereitstellung von Energie.

Eine zentrale Frage, wie die Energieversorgung in der Zukunft aussehen wird, ist in das Bewusstsein auch derjenigen gerückt, welche sich bislang nicht mit der Fragestellung der Energiewende beschäftigt haben, oder sich aus Gründen deren Lobbyarbeit bislang nicht mit der Fragestellung der Energiewende beschäftigen wollten.

Die Energiewende führt auch in die Mobilität und der regionalen Ebene kommt eine besondere Bedeutung zu, da sie direkten Einfluss auf die verkehrsbedingten Emissionen nehmen kann; dies über die Gestaltung der Infrastruktur und die Steuerung des Verhaltens der Verkehrsteilnehmer aus dem privaten und dem gewerblichen Bereich.

Regionen wirken im Rahmen der bundes- und der landes-
politischen Vorgaben durch Kenntnis der lokalen und der
regionalen Bedürfnisse; bürgernah, schnell und zudem
auch kostenoptimiert. Die Energiewende ist Gegenstand
der regionalen Ausrichtungen seit vielen Jahren.

Beispielhaft: die Region Emscher-Lippe ist bereits heute in
NRW nicht mehr nur eine Modellregion, sie kann zu den
anspruchsvollen Zielen bereits Ergebnisse präsentieren.

Sowohl die Energieversorgungsunternehmen und auch die
Unternehmen des ÖPNV Öffentlichen Personen Nahverkehr
sind die wichtigen Partner der regionalen Dialoge.
Den kommunalen Betrieben kommt Vorbildfunktion zu; sie
können den Bürgerinnen und Bürgern am praktischen
Beispiel zeigen, dass die Entkopplung von den CO_2-
Emissionen und den Verkehrsleistungen möglich ist.
Nur wenn dies erlebbar ist, kann die Energiewende auch
mit Blick auf den Verkehr, auf die Mobilität bei den
Bürgerinnen und Bürgern Akzeptanz finden.
Die Regionen haben erkannt, was uns in Zukunft „bewegt".

<u>Das regionale Leitbild kann einer nachhaltigen Mobilität
verpflichtet sein und sollte einhergehen mit dem Schutz
gegen Verkehrslärm und gegen Luftschadstoffe.</u>
Zum Leitbild gehört die partnerschaftliche Gestaltung der
Verkehrsabläufe unter Einbeziehung aller individuellen und
öffentlichen Verkehrsmittel. Daraus folgen neue Ziele und
Maßnahmen.

Durch effiziente Technologien soll auch der Straßenverkehr nachhaltiger gestaltet werden. Die hervorragende Bedeutung elektrischer Kraftfahrzeuge für Stadtregionen ist unstrittig. Auch die Nutzung der Wasserstoff- und Brennstoffzellen-Technologien mit erhöhter CO_2-Effizienz wird unterstützt und begleitet; die Energieversorgungsunternehmen können mit dem Blick auf die Windstrom-Elektrolyse ihre Geschäftsfelder ausbauen; nebenher mit den Potenzialen Power-to-Gas, der Methanisierung und mit den Potenzialen der Mobilität.

Mobilität ist nicht nur ein Grundbedürfnis der Menschen, sie bildet in der modernen Welt die Basis für viele berufliche und auch für private Aktivitäten der Bürger*innen; dies zunehmend mit dem Bezug zu regenerativen Energie-quellen. Der ÖPNV, der Öffentliche Personennahverkehr, kann zudem Lösungen bieten zu der Entlastung, zu der Vermeidung mit dem Blick auf die Emissionen.
Dies erfordert die ständige Verbesserung aller Leistungen wie der Bequemlichkeit, der Sicherheit, der Pünktlichkeit, der Netzdichte und der Informationen.

Die Mobilität wird als Grundrecht verstanden. Diese positive Wahrnehmung der Bürger*innen in Europa stellt zudem für die Energieversorgungsunternehmen eine Nähe dar zu den Volumenmärkten; dies mit sehr hoher Wertschöpfung.

Deutschland liegt im Zentrum der großen europäischen Warenströme.

Die Nähe zu den Volumenmärkten ist eine wichtige Säule
für die Positionierung der Länder im Potenzialraster der
Energiewende in Europa.

Erkannt wurde in den Ministerien der EU, in den Ministerien
der europäischen Länder, dass der Wasserstoff ein
wichtiger Speicher ist für die Überkapazitäten elektrischer
Energie; erzeugt z.B. mit dem Wind, oder mit der Sonne.
Mit welchen ergänzenden technischen Tangenten der
Wasserstoff ein geeigneter Energiespeicher ist, zeigt sich
durch die regionalen Ansätze. Regionale Ansätze können
einander ergänzen und in den Ländern eine Wasserstoff-
Agenda generieren.

An dieser Stelle soll wiederholt betont sein:
EU-/Bundes-/Landesweit denken und vor Ort handeln ist
kein Widerspruch, sondern vielmehr dynamische Energiepolitik.

Bild:
Das Wasserstoff-Anwenderzentrum h2herten vor historischer Kulisse Zeche Ewald;
Fotografiert und Panorama erstellt von Dieter Mende,
EEZ Energie Energiewirtschaft Zukunftsenergien

Ein Strukturwandel, egal vor welchem Hintergrund entstehend, ist eine sehr große Herausforderung, aber auch eine sehr große Chance für die Kommunen und für die Regionen zugleich. Die Zeche Ewald in Herten hat am 28.03.2000 die letzte Förderschicht gefahren und wurde 2001 endgültig stillgelegt. Der Weg von den alten renommierten Energien hin zu dem neuen, zunehmend regenerativen Energiemix, ist auch ein Spiegelbild des global boomenden Job-Motors Energiewende.

Die zahlreichen internationalen Gäste machen das deutlich. Dem Begriff Zukunftsstandort Ewald ist mit der Umsetzung der zuvor regional formulierten Ziele ein kommunales und zugleich regionales Alleinstellungsmerkmal gefolgt: h2herten hat bereits seit der Jahrtausendwende große Aufmerksamkeit in der EU und auch weltweit.

<u>Mit den Ende 2018 veröffentlichten Zahlen wird deutlich, wie different die Energieinfrastruktur in den Kommunen und in den Regionen in Europa sein darf und sein muss. Hier am Beispiel des Landes Nordrhein-Westfalen:</u>

+	Ende Dezember 2015 betrug die Einwohnerzahl in NRW 17,68 Millionen,
+	Ende Juni 2022 betrug die Einwohnerzahl in NRW 18,07 Millionen Menschen.
+	Das entspricht einer Zunahme von 2,16% der Einwohnerzahl in NRW.
+	Ende Juni 2022 betrug die Einwohnerzahl im Ruhrgebiet 5,13 Millionen Menschen.

Die strukturellen Anforderungen der Ballungszentren sind nicht selten konträr zu den strukturellen Anforderungen in den ländlich geprägten Gebieten.

Während Ende Juni 2022 in den vier größten Städten von NRW:
+ in Essen 583.153 Menschen,
+ in Dortmund 592.900 Menschen,
+ in Düsseldorf 625.581 Menschen und
+ in Köln 1.081.167 Menschen lebten,
lebten Ende Juni 2022 in den kleinsten Gemeinden von NRW:
+ in Heimbach 4.345 Menschen,
+ in Dahlem 4.395 Menschen.

Eine dezentrale Energieerzeugung stützt sowohl die ländliche, wie auch die städtische Energieinfrastruktur. Regionale Pioniere bekommen im globalen Markt viel Aufmerksamkeit.

Das Verfolgen regionaler Ziele mit der Cluster-Bildung erzielt unternehmerische Erfolge, erzielt Wettbewerbsvorteile mit der Spezialisierung auch für die Unternehmen, erzielt mit den individuellen Angeboten im Markt die avisierten Absichten mit der Energiewende.

Regionale Erfolge finden sich nicht in der Kopie bereits bestehender, benachbarter regionaler Erfolge, vielmehr schwächen diese Kopien die betroffenen Regionen durch den unnötigen Wettbewerb zueinander.

Regionale Erfolge finden sich in ergänzenden Beiträgen zueinander im Potenzialraster eines Landes. Dabei können kooperierende Regionen sowohl in nachbarschaftlicher Zusammenarbeit, wie auch in der internationalen Zusammenarbeit einander ergänzen und einander stärken. Die Energiewende hat ein enorm weites Spektrum und bietet den Regionen zahlreiche Wachstumschancen.

Das bestätigen die Studien des BMWi Bundesministeriums für Wirtschaft und Energie zu der Energiewende mit den Auswirkungen auf die Investitionen, auf das Wachstum und auf die Beschäftigung.

Die WiFö Wirtschaftsförderung, beispielhaft die WiFö der Region Emscher-Lippe, konnte in ihrer Außendarstellung gegenüber der Wirtschaft überzeugend herausstellen, dass die Wasserstoff- und Brennstoffzellentechnologien regional gewollt sind. Dies bedarf einer gepflegten regionalen Informations- und Demonstrationsarbeit.
Nur indem ein Cluster-Management positiv erkennbar ist, können die Zweifel an der Investition in diesen Standort beseitigt werden. Ziel ist die Bündelung der Möglichkeiten im Technologiefeld Brennstoffzellen und Wasserstoff zur nachhaltigen Schaffung von zukunftsorientierten Arbeitsplätzen. Das Image einer Region auf dem Gebiet der Brennstoffzellen- und der Wasserstofftechnologien wird bewertet anhand deren Netzwerkarbeit. Die Entwicklung einer Region kann daher nur erfolgreich bewältigt werden, wenn das gesamte industrielle und wissenschaftliche Umfeld Europas in die Projektarbeit mit einbezogen wird.

Regionale Handlungsfelder sind identifizierte Erfolgspotenziale mit Nachhaltigkeit. Entlang der Wertschöpfungskette von der regenerativen Wasserstoffgewinnung bis zu den Anwendungen, inklusive der Anforderungen der Wasserstoffinfrastruktur, sind die Nischenprodukte und die Spezialanwendungen in den frühen Märkten nachhaltig zu positionieren.

Darüber hinaus ist die Herausstellung der Kompetenz bezüglich der Dienstleistungen und des Service von großer Bedeutung, damit der anfänglichen Skepsis gegenüber einer neuen Technologieanwendung entgegengewirkt werden kann mit entsprechend positiv erfahrbaren Anwendungen.

Sowohl die Technologie- und Marktpotenziale, als auch die Wachstumserwartungen der Märkte sind nicht nachhaltig ohne eine Standortintegration und ohne Integration in das Potenzialraster Europas.

Bezugnehmend auf die anfängliche Fragestellung nach den Potenzialen, den aktuellen technischen Möglichkeiten, der Forschung und Entwicklung, den Bemühungen bezüglich einer Infrastruktur, den Projektentwicklungen und den Erwartungen auf der Zeitschiene bis zur Einführung neuer Technologien: Sowohl die Potenzialverknüpfungen und auch die Kompetenznetzwerkbildungen mit der Wirtschaft und mit den Märkten ermöglichen durch deren Bündelung die innovativen, regionalen Steuerungsgruppen.

Die Energiewende, der Klimawandel, die Digitalisierung und andere Zukunftsfelder haben global mit dem Technologie- und dem Infrastruktur-Know-how bereits zahlreich die internationalen Märkte erreicht.

Die Energieerzeugung fokussiert z.B. mit Wind, Sonne, GEO, BIO, Hydro einen Energie-Mix; dies zunehmend regenerativ.
Entscheidend dabei ist, wie konstruktiv die Kommunikation gefördert wird und wie intensiv Partner geworben werden durch das Zeigen klar kommunizierter regionaler Ziele.
Mit der Einbeziehung regionaler Kooperationen sowie mit der Einbeziehung vernetzter Kompetenzen entstehen die geeigneten Handlungsplattformen.

Vor dem Hintergrund der internationalen Entwicklungen im Potenzialraster des Energieträgers Wasserstoff liegen die regionalen Chancen im Mitwirken in einer zukunftsfähigen Infrastruktur in der Energiewende, was den konsequenten Ausbau der Erzeugung regenerativer Energien beinhaltet.

Bild:
KlimaExpo.NRW Ausstellung im Verlauf der Energy & Water 2015 in Essen;
Dieter Mende, EEZ Energie Energiewirtschaft Zukunftsenergien

Die Region Emscher-Lippe gehört zu den an den dichtesten besiedelten Regionen in der Bundesrepublik Deutschland und bildet den nördlichen Teil des Ruhrgebiets; es sind die Flüsse Emscher und Lippe namensgebend. Mit knapp einer Million Einwohnern ist die Energieregion Emscher-Lippe sowohl als innovativer Chemiestandort und auch als ehemaliger Montan- und Kohlestandort historisch bekannt; weit über die Grenzen der EU hinaus.

Der Strukturwandel der Region ist mit der Schließung der letzten Zeche Ende 2018 längst nicht abgeschlossen, sondern geht mit dem Kohleausstieg im Energiesektor in eine zweite Phase. Dies bietet hingegen auch eine echte Chance, den Wirtschaftsstandort Emscher-Lippe mit seinen energiereichen Industrien innovativ neu zu gestalten und die Region sowohl energetisch, als auch stofflich von der Nutzung fossiler Träger abzukoppeln.

Die Region Emscher-Lippe umfasst zum einen die beiden kreisfreien Städte Gelsenkirchen und Bottrop, zum anderen den Kreis Recklinghausen mit den 10 Städten. Der Kreis Recklinghausen ist, Ausnahme die Region Hannover, der bevölkerungsreichste Kreis in Deutschland.

Die Folgeliste zeigt die Einwohnerzahlen in der Region Emscher-Lippe. Bewusst wurde der Stand Dezember 2018 gewählt für das Zeigen der Bevölkerungsanzahl zu dem finalen Ende der Kohleförderung.
993.298 Einwohner verteilen sich auf die Städte:

+   die kreisfreie Stadt **Gelsenkirchen:**
     260.654 Einwohner;

+   die kreisfreie Stadt **Bottrop:**
     117.383 Einwohner;

+   der **Kreis Recklinghausen:**
     615.261 Einwohner;

+   die Kreisstadt **Recklinghausen:**
     112.267 Einwohner;

+   die kreisangehörige Stadt **Marl:**
      83.941 Einwohner;

+   die kreisangehörige Stadt **Gladbeck:**
      75.687 Einwohner;

+   die kreisangehörige Stadt **Dorsten:**
      74.736 Einwohner;

+   die kreisangehörige Stadt **Castrop-Rauxel:**
      73.425 Einwohner;

+   die kreisangehörige Stadt **Herten:**
      61.791 Einwohner;

+   die kreisangehörige Stadt **Haltern am See:**
      38.013 Einwohner;

+   die kreisangehörige Stadt **Datteln:**
      34.614 Einwohner;

+   die kreisangehörige Stadt **Oer-Erkenschwick:**
      31.442 Einwohner;

+   die kreisangehörige Stadt **Waltrop:**
      29.345 Einwohner.

Eine Vielzahl guter Ideen allein löst noch lange keine zukunftsfähige Infrastruktur aus in der Energiewende. Die Kombinationen der unternehmensnahen Umsetzungen dieser Ideen mit den regionalen Chancen und Möglichkeiten führen zu einem innovationsorientierten, kontinuierlichen Strukturwandel.

Mit dem Ende der Kohlekraftwerke, mit der Schrumpfung der Stahlindustrie und mit den Zechenschließungen startet die dritte regionale Transformationsstufe. Jetzt kommt es darauf an, dass die energieintensiven Industrien (Chemie, Metallverarbeitung, Glasproduktion u.a.) trotz des Ausstiegs aus den fossilen Energien mit ihrer Wertschöpfung am Standort gehalten werden. Die Herausforderungen des Strukturwandels werden als Chance und als Aufforderung zur stetigen Erneuerung verstanden. Ziel einer regionalen Wirtschaftsförderung sind die Bündelungen der Möglichkeiten in dem Technologiefeld Energiewende zur nachhaltigen Schaffung zukunftsorientierter Arbeitsplätze.

Brückentechnologien und Zukunftstechnologien ergänzen einander und optimieren den Markthochlauf "Grüner Wasserstoff" mit dem Blick auf die Energieversorgungssicherheit, auf die Umweltverträglichkeit, auf die bezahlbaren Energieangebote und die neuen Energieprodukte. Neue Energieprodukte entstehen mit Power-to-X, mit der Sektoren-Kopplung elektrischer Strom, Gase-Produkte, Kraftstoff-Produkte und Wärme.

Das Image einer Energie-Region auf den Gebieten der Brennstoffzellentechnologie und der Wasserstofftechnologie wird bewertet anhand deren Netzwerkarbeit.

Die Entwicklung einer Region kann daher nur erfolgreich bewältigt werden, wenn das gesamte industrielle und wissenschaftliche Umfeld in Europa in die Projektarbeit mit einbezogen wird; Deutschland ist darin vorbildlich agierend und viele der europäischen Länder folgen dem bereits.

Dies ist kein naturwüchsiger Prozess, sondern ein Branchen übergreifendes Netzwerkmanagement, in welchem die kommunalen Beiträge einfließen in eine regionale Projekt-steuerung.

Die unterschiedlichen regionalen Ausgangslagen zeigen oft die unvollständigen Wertschöpfungsketten von den Quellen (Energieerzeugung regenerativ) bis zu den Senken (deren mobilen und stationären Anwendungen). Die regionalen Ausgangslagen erfahren jedoch Vervollständigung der Wertschöpfungsketten durch die Kooperationen.

Wenn die Energiewende in der von energieintensiver Grundstoffindustrie geprägten Region Emscher-Lippe gelingt, dann kann die Energiewende überall in Europa gelingen.

Die in der Emscher-Lippe-Region kooperierenden Akteure auf dem Gebiet der Energiewende verbinden unterschied-liche Disziplinen; dies mit dem Ziel, die bestmöglichen Lösungen umzusetzen.

Dies sind sehr vielversprechende Perspektiven für alle Dialogpartner; in Land NRW, in der BRD, in der EU und auch weit über die europäischen Grenzen hinaus.

Die in der Region Emscher-Lippe installierte Wasserstoffkoordination bündelt diese Lösungen und sensibilisiert Unternehmen und die Gesellschaft für das Thema Energiewende mit dem Wasserstoff.

Das Veränderungsmanagement der regionalen Wirtschaftsförderung WiN Emscher-Lippe GmbH und die anspruchsvollen Engagements betrachten besonders intensiv die Schwerpunkte:
+   die Energie,
+   die Chemie,
+   die Kreislaufwirtschaft,
+   die Metallverarbeitung und andere industrielle
        Schwerpunkte,
+   die Gesundheitswirtschaft,
+   die Landwirtschaft,
+   die Naherholung,
+   der Naturschutz,
+   die Nachhaltigkeit,
+   die Herausforderungen des Klimawandels,
in der ehemaligen Kohle- und Montanregion.

Die Grundvoraussetzung für eine zukunftsfähige Entwicklung der Wirtschaft und der Gesellschaft sind umweltfreundliche, zumindest umweltneutrale, sozialverträgliche, sowie ökonomisch effiziente Energietechnologien.

Vorrangiges Ziel ist daher das frühzeitige Erkennen der technischen und der wirtschaftlichen sowie der sozialen Entwicklungen, um das Erschließen innovativer Technologien auszulösen.

Bild:
Dieter Kwapis, Manager des Wasserstoff-Anwenderzentrums h2herten und des ZZH Zukunfts-Zentrums-Herten: Standbetreuung im Verlauf der Hannover-Messe 2019 an dem Gemeinschaftsstand. Im Hintergrund der gemeinsame Auftritt: ZBT Zentrum für Brennstoffzellen-Technik Duisburg, HyCologne und dem h2-netzwerk-ruhr am NRW-Stand der damaligen EnergieAgentur.NRW; Dieter Mende, EEZ Energie Energiewirtschaft Zukunftsenergien

**Eine aktuell gern zitierte Aussage in den Medien ist:
"Die Energiewende gibt es nicht zum Nulltarif."**

Betrachtet man jedoch die Schäden, welche durch den Klimawandel bezifferbar hervorgerufen werden, erkennt man, dass die Energiewende eine Investition darstellt, die schon mittelfristig Kosten spart.
Das britische Marktforschungsunternehmen Economist Intelligence Unit (EIU) beziffert die Klimakrise und ihre Folgen auf die weltweite Wirtschaft bis Mitte des Jahrhunderts auf knapp acht Billionen Dollar (ca. 7.200 Milliarden Euro).
Die Umsetzung der Energiewende in der beispielhaften Modellregion Emscher-Lippe kann als Job-Motor nachhaltig eine regionale Spitzenposition in Europa generieren.

Dabei geht es nicht um eine Dekarbonisierung der Wirtschaft, sondern vielmehr um eine Defossilisierung von den Produktionsprozessen und um eine weitestgehende Zyklisierung der Wertschöpfungsketten des Kohlenstoffs, der langfristig als reiner Energieträger zu wertvoll ist.

Die für das Gelingen der Energiewende wichtigen Energietechnologien, zu denen auch der Energiespeicher Wasserstoff gehört, können momentan noch nicht wirtschaftlich betrieben werden, da die Wertschöpfungsketten noch nicht vollständig sind. Die für das Gelingen der Energiewende wichtigen Energietechnologien, zu denen auch der Energiespeicher Wasserstoff gehört, benötigen die notwendigen Anpassungen gesetzlicher Regelwerke.

Gesetzliche Regelwerke, die gewährleisten, dass regenerativ erzeugter Wasserstoff zumindest nicht schlechter gestellt wird, als die fossilen Energieträger.

<u>Die Energiewende auch ist der Weg von den heutigen, fossil gebundenen Energien, gebunden in der Kohle, gebunden in den Erdölprodukten und gebunden in dem Erdgas, hin zu einer zunehmend regenerativen Energiewirtschaft mit der Erzeugung elektrischer Energie im Schwerpunkt. Es fehlen somit die wichtigen Speicher für die regenerativ erzeugte elektrische Energie.</u>

In dem Kapitel zuvor wurde aufgezeigt:
Es entstehen Handlungsfelder, welche die zahlreichen Gestaltungsmöglichkeiten erschließen und mit denen die Regionen zukunftsfähige Arbeitsplätze ansiedeln können. Regionale Leitbilder entstehen dabei auch aus der Zusammenführung kommunaler Kompetenzen.

Der Regionale Erfolg, das zeigt sich immer wieder, liegt in der kommunalen Zusammenarbeit, das "Kirchturm-Denken" der Kommunen, der Gemeinden, verhindert vielmehr die regionalen Entwicklungen.

Die Erforschung und die Integration der Brücken- sowie der Zukunftstechnologien muss bereits jetzt erfolgen, also noch bevor der "grüne" Wasserstoff ausreichend zur Verfügung steht, für das Erreichen der notwendigen Marktreife, damit die seitens Europas genannten Klimaziele erreicht werden können.

Dazu gibt es verschiedene Förderanträge seitens der Kommunen, der Wirtschaftsförderungen, der Netzwerke und der Hochschulen, welche ineinandergreifen.

Eine erfolgreiche, regionale Energiestrategie kann mit den folgenden Punkten aufgestellt sein:

+ Netzentlastung durch das Abfangen der regenerativ erzeugten Überkapazitäten,
+ Wachstumsabkopplung von dem Ressourcenverbrauch,
+ Unabhängigkeit von den fossilen Energieträgern,
+ Kopplung von Wertschöpfungsketten: H_2, O_2, CO_2 bieten sich an,
+ Stoffliche Nutzungsmöglichkeiten zur CO_2-Reduktion,
+ Rückführung des Kohlenstoffs,
+ gemeinsame Mobilität- und Pendlerstrategien,
+ Systemintegration der Brückentechnologien,
+ Systemintegration der Zukunftstechnologien,
+ Einbindung der innovativen KMU Klein- und Mittelständischen Unternehmen,
+ Akzeptanzerzeugung in der Bevölkerung,
+ Arbeitsplatzsicherung und Ausbau der beruflichen Zukunft.

Erfolgreiche, regionale Handlungspfade können sein:

+ die Mobilität,
+ der ÖPNV Öffentliche Personennahverkehr,
+ der Lastverkehr,
+ die privaten Anwendungen,
+ die gewerblichen Anwendungen,
+ die industriellen Anwendungen,
+ die Freizeitgestaltung mit Anwendungen,
+ kulturelle Veranstaltungen mit Anwendungen,
+ Umweltschutz und Klima relevanter Zielvereinbarungen,
+ Bau und Planung relevanter Zielvereinbarungen,
+ Infrastruktur und Nachhaltigkeit relevanter Zielvereinbarungen,
+ begleitende Wirtschaftsförderung: Forschung, Entwicklung und Qualifizierung,
+ Quartiersentwicklung Wohnen,
+ Quartiersentwicklung Gewerbe,
+ Quartiersentwicklung Industrie.

Beachtung finden sollten in den erfolgreichen, regionalen Handlungspfaden:

+ die stofflichen Ströme: Power-to-X,
+ die Sektoren-Kopplung: elektrische Energie mit der Wärme, mit den Gase- und den Kraftstoff-Produkten,
+ die Umweltverträglichkeit, die Reduzierung der Auswirkungen durch den Klimawandel.

Regionale Integration der Wirtschaftsförderung:
das regionale Clustermanagement:

Ein regionales Clustermanagement, das den Ausbau der Arbeitsplätze zur Folge haben soll, ist kein naturwüchsiger Prozess.
Ein Branchen übergreifendes Netzwerkmanagement setzt proaktiv die formulierten Ziele um in den Projekt- und in den Arbeitsebenen:
+	die Schulen und Universitäten,
+	die Bildungseinrichtungen mit der Zusatzqualifizierung,
+	die Unternehmen mit zukunftsfähiger Ausrichtung,
+	die Gewerkschaften mit begleitenden Maßnahmen,
+	die Verbände und die Organisationen mit zukunftsfähiger Ausrichtung,
+	die Politik mit begleitenden Maßnahmen.

Erneut bietet sich das Beispiel der Region Emscher Lippe an: Bereits in dem Zeitraum 2006 bis 2011 ist die Region Emscher-Lippe aktiver Projektbegleiter gewesen mit dem EU-Projekt HYCHAIN MINI-TRANS – Zukunftsperspektiven mit Wasserstoff

»HYCHAIN MINI-TRANS« war ein Leitprojekt der EU zur Demonstration zukunftsweisender Anwendungen von dem Wasserstoff in dem Transportbereich, unter der Berücksichtigung der gesamten Wertschöpfungskette. Das Projekt wurde im Juni 2011 erfolgreich abgeschlossen. Allein im Wasserstoff-Anwenderzentrum h2herten sind inzwischen viele wasserstoffrelevante Arbeitsplätze entstanden.

**Fake-News, Fake-Videos ... alles das gibt es erschreckend viele auch zur Energiewende im Internet.
Aber woran kann man sich dann noch orientieren?**

Mein Impuls: an den Ergebnissen seriöser Netzwerkarbeit mit der Bestätigung zahlreicher, einander ergänzender Akteure.

Mit dem Blick auf die Energiewende, mit dem Blick auf Power-to-X, auf den die Sektoren elektrischer Strom, Wärme, Gase-Produkte und Treibstoff-Produkte koppelnden Wasserstoff, ergänzen in NRW seit dem Jahr 2008 diese beiden Netzwerke erfolgreich einander:
+   h2-netzwerk-ruhr für das Ruhrgebiet,
+   HyCologne für das Rheinland.

Wir unterstützen diese Entwicklungen sehr erfolgreich; sowohl lokal, regional, national und international auch mit dem Wasserstoff-Anwenderzentrum h2herten.

Hätten aktuell in Europa, in Deutschland die Ideengeber wie Jeff Bezos, Steve Jobs, Larry Page, Sergei Brin, Bill Gates, Mark Zuckerberg und/oder Elon Musk eine Chance?

Mit genauer Sicht vermutlich nicht, das z.B. auch aufgrund der aktuellen "Nörgel-Mentalität" in Deutschland, mit der nicht selten zuerst betrachtet wird, warum etwas angeblich nicht gehen soll, als interdisziplinäres Agieren zu fördern.

Wirtschaftliches Wachstum Deutschland: Die Gründer von heute sind keine Gründerfamilien mehr wie Krupp, Siemens u.a., die Gründer von heute nennen sich Startup und sind personell nicht selten eher unbekannt.

Auch die in Deutschland entwickelte Hybrid-Technologie wurde in Deutschland völlig falsch bewertet und nicht in die Systeme integriert. Erst einige Jahre später, fast viel zu spät, nachdem die Märkte in Asien uns die mobilen und die stationären Systeme mit der Hybrid-Technologie präsentiert haben, ist auch in Deutschland die Systemintegration der Hybrid-Technologie erfolgt.

Glaubt denn wirklich jemand, dass die von Thomas Alva Edison entwickelte Glühlampe das Ergebnis ist gleich vom ersten Ansatz an?

Die Dampfmaschine bekam 1769 durch James Watt eine entscheidende Verbesserung, worauf hin er ein Patent erhielt.

Die Bundesregierung hat die Aktualisierung der Nationalen Wasserstoffstrategie vorgestellt. Sogleich haben sich, z.B. auch mit LinkedIn, zahlreiche, nörgelnde Stimmen gezeigt, die anmerken, warum die Nationale Wasserstoffstrategie so "vermutlich" nicht funktionieren kann. Es ist nicht die Aufgabe der Bundesregierung einen Wirtschaftszweig, wie z.B. die Energiemärkte, zu optimieren, das ist die Aufgabe der Industrien, der Unternehmen, der Dienstleister und auch der Anwender, aber ebenso der Kommunen, der Regionen und der Länder.

Die Nationale Wasserstoffstrategie ist eine politisch bereitgestellte Basis, mit der die unterschiedlichsten Märkte der Energiewirtschaft optimieren werden können.
Mit Power-to-X bekommen die Energiemärkte durch den die Sektoren elektrischer Strom, Wärme, Gase-Produkte, Triebstoff-Produkte koppelnden Wasserstoff eine bisher nicht gekannte Flexibilität und Dynamik.

An diesen Tangenten wachsen der Anlagenbau, die Digitalisierung, die Robotik, die Nachrichtentechnologien und viele mehr. Zunehmend boomt der Job-Motor Energiewende erkennbar auch in Deutschland! Sie möchten teilhaben an dem Job-Motor Energiewende und auch an dem global startenden Wirtschaftswachstum, kennen aber Ihre Chancen und Möglichkeiten noch nicht?

Kein Problem. Die Unternehmen, angesiedelt in dem Wasserstoff-Anwenderzentrum h2herten haben internationale Expertisen und zeigen Ihnen gerne Ihre Chancen und Möglichkeiten nach der Chancenidentifizierung; gerne gemeinsam zudem mit Ihnen gestaltend.

An dieser Stelle, damit sich der thematische der Kreis mit dem Buchverlauf schließt:
Ja, der Ausbau der Netze elektrischer Strom ist nicht ausreichend erfolgt mit dem Blick auf die Energiewende, denn die Energiewende ist auch der Weg weg von den stoffgebundenen Energien, gebunden in der Kohle, gebunden in den Erdöl-Produkten, gebunden in den Gase-Produkten, hin zu einer zunehmend regenerativ erzeugten elektrischen Energie.

Aber auch Ja, die Netze elektrische Energie wirken ohne ausreichende Energiespeicher nicht wie ein Schwamm in der Infrastruktur elektrische Energie.

Auch dann, wenn unser elektrisches Netz zehn Mal, oder sogar hundert Mal so groß wäre wie jetzt, es kann trotzdem immer nur so viel elektrische Energie in das elektrische Netz eingespeist werden, wie zeitgleich, an anderer Stelle aus dem Netz elektrische Energie entnommen wird.

Somit Ja, ohne die Speicher für die elektrische Energie, bereits jetzt im Gigawatt-Bereich, bleiben wir bei dem Abregeln der Erzeugung regenerativer Energien, womit mit dem Abregeln z.B. der Windenergieanlagen die grundsätzlich erzeugbare elektrische Energie unwiderruflich verloren ist.

Ja, in der vollständigen Betrachtung liegen die drängenden Herausforderungen der Energiewende, aber auch Ja, darin liegen zugleich die zahlreichen Chancen und Möglichkeiten zur Optimierung.

Immer dann, wenn die Energiewende vollständig betrachtet wird, beginnend bei der Energieerzeugung, bis hin zu den Anwendungen mobil, portabel und stationär, zeigt sich an zahlreichen Tangenten der Wasserstoff.

Die Energiewende ist ein Job-Motor! Wind, Sonne, Geo, Bio, Hydro … die Energiegewinnung ist zunehmend regenerativ und die intelligenten Energiemanagements sind neben den Energiespeichern, dem Anlagenbau, dem Engineering, der Netzdynamisierung und dem globalen Markt Technologie-Know-how die Auslöser für den enorm anwachsenden Arbeitsmarkt.

Das Argument der Befürworter der aktuellen konventionellen Energieerzeugung, dass die Energiewende Arbeitsplätze vernichtet, konnte einer ganzheitlichen Betrachtung
nicht Stand halten. Ja, es ist richtig, dass ein Arbeitsplatz in
der konventionellen Energieerzeugung in der Durchschnittsbewertung vier weitere Arbeitsplätze generiert hat mit dem
Blick auf die Förderung der Energieträger Kohle, Erdöl und
Erdgas, mit Blick auf den Anlagenbau und auch mit dem
Blick auf die Material- und Komponenten-Entwicklung.

Es ist aber auch richtig, dass ein Arbeitsplatz in der
erneuerbaren Energieerzeugung in der Durchschnittsbewertung vier (+) weitere Arbeitsplätze generiert mit dem
Blick auf den Anlagenbau, mit dem Blick auf die Material-
und Komponenten-Entwicklung und zudem neu, mit dem
Blick auf die dezentrale Energieerzeugung und den daraus
resultierenden "intelligenten Netzen". Smart und Digital sind
die schon gar nicht mehr neuen Begriffe in der Energiewirtschaft, welche viele neue und weitere Arbeitsplätze
auslösen.

In der erneuerbaren Energieerzeugung ist die Material- und
Komponenten-Entwicklung nicht weniger anspruchsvoll
und hat in der Durchschnittsbewertung der Arbeitsplätze,
welche einem Arbeitsplatz in der erneuerbaren Energieerzeugung folgen, das (+) der weiteren Arbeitsplätze
generiert.
Die Beispiele dazu sind zahlreich und nicht weniger weit
gefächert, wie die regenerative Energieerzeugung selbst.

In Deutschland zeigen die im Internet verfügbaren Zahlen, Daten und Fakten, dass die Windenergieerzeugung bereits im Jahr 2015 die Energieerzeugung mit Atomkraftwerken übertrumpft hat. Auch dieser positiven Entwicklung kann mit den geeigneten Energiespeichern die maximale Wertschöpfung der erneuerbaren Energieerzeugung folgen.

Der Wasserstoff ist für regenerativ erzeugte Energien ein klimaneutraler und zugleich umweltfreundlicher Energiespeicher und Energieträger; Power-to-Gas ist sowohl bei den global agierenden Energieversogern, als auch bei den im Verbund agierenden, regionalen Energieversorgern in den Fokus gerückt.

Power-to-Gas ist jedoch nicht allein nur innovativ als Energiespeicher und Energieträger.
Die zahlreichen, innovativen Entwicklungen entlang des Potenzialrasters der Energiewende zeigen an sehr vielen technischen Tangenten weitere innovative Entwicklungen.

Die regenerative Energieerzeugung und auch die Mobilität sind bereits heute einander ergänzend und führen gemeinsam in eine zukunftsfähige Infrastruktur in der Energiewende.

Kein Wunder also, dass sowohl die Lobby pro fossile Energieträger, als auch die Lobby pro AKW Atomkraftwerke aktuell wieder derart intensiv mit bewusst unvollständigen bis hin zu bewusst falschen Meldungen den Wasserstoff in Frage stellen.

Wie soll die Lobby pro fossile Energieträger und die Lobby pro Atomkraftwerke auch anders reagieren, als mit bewusst unvollständigen bis hin zu bewusst falschen Meldungen? Weil mit der vollständigen Betrachtung der Energiemärkte die Tangenten zum Wasserstoff unübersehbar zahlreich sind.

Die Naturvölker haben eine Weitsicht, die in der sogenannten "modernen Welt" und deren Schnelllebigkeit nicht selten in den Hintergrund gerät.

Ein indianischer Satz aus der Zeit der amerikanischen Kolonien-Bildung bekommt mit dem Blick auf die Energiewende und mit dem Blick auf die Reduzierung der Auswirkungen durch den Klimawandel erneut mahnende Berechtigung:

Wir erben die Erde nicht von unseren Vorfahren, wir leihen uns die Erde von unseren Kindern, von den Enkeln und von den nachfolgenden Generationen.

Nicht selten steht das Richtige und Wichtige im Konflikt mit den Interessen, vor allem dann, wenn es auch um das Geldverdienen geht, wenn es darum geht, dass die aktuellen Geschäftsfelder die maximal mögliche Wertschöpfung erfahren.

In den Nachschlagewerken wird der Begriff Lobbyismus erklärt mit der Bedeutung, dass sich z.B. die Politik befindet in einer systematischen und andauernden Einflussnahme von Wirtschaftsunternehmen, dass z.B. sozial und/oder gesellschaftliche Gruppen auf politische Entscheidungsträger einwirken wollen, dass meist durch den persönlichen Kontakt oder über die Massenmedien ein Einfluss erwirkt werden soll, mit dem Blick auf die Meinungsbildung der Menschen.
Die Herkunft des Wortes Lobbyismus ist aus der amerikanisch-englischen Sprache:
Lobbying ---> entlehnt.

LobbyControl und Abgeordnetenwatch sind Organisationen, die kritisch und auch deutlich anmerken, dass finanzstarke Wirtschaftsverbände sehr viel Macht auf die Politik ausüben können, dass finanzstarke Wirtschaftsverbände sogar politische Entscheidungen manipulieren können, während weniger einflussreiche Lobbygruppen es deutlich schwerer haben, Aufmerksamkeit auszulösen mit dem Blick auf andere Interessen.
Mehr Transparenz, z.B. mit dem Blick auf die Entstehung von Gesetzesvorlagen, steht im Fokus der Organisationen.

Bekannt ist, dass es in den USA und in der EU ein Lobby- bzw. Transparenzregister gibt.
In Deutschland gibt es seit dem 01.01 2022 ein Lobby- bzw. Transparenzregister.
Etwa 5.000 Verbände, Unternehmen und Organisationen sind in dem Register aufgeführt.

Die Korruptionsexperten*innen und auch Politiker*innen fordern strengere Vorgaben mit dem Blick auf die Lobbyisten*innen in der EU, sowie in den Bundes- und in den Landesministerien.

Erinnern Sie sich noch an den Lobbyismus-Skandal in dem Verlauf der Corona-Pandemie, bekannt geworden als "Maskenaffäre" der Bundestagsabgeordneten Nikolas Löbel (CDU) und Georg Nüßlein (CSU), sowie des bayerischen Landtagsabgeordneten und ehemaligen bayerischen Justizministers Alfred Sauter (CSU)?
Der Spiegel hatte berichtet, dass sich die drei Herren mit dem Blick auf die Beschaffung von Gesichtsmasken persönlich bereichert haben.

Erinnern Sie sich noch an den Fall im Jahr 2020, in dem der Abgeordnete Philipp Amthor (CDU) für Aufsehen gesorgt hat, indem sich Philipp Amthor für ein amerikanisches Start-up-Unternehmen eingesetzt haben soll und dafür Aktienoptionen bekommen haben soll, sowie dazu auch noch einen Direktorenposten erhalten haben soll.

Derartige Affären sind auch ein Auslöser dafür gewesen, dass sich in Deutschland die Große Koalition verständigt hat auf die Einführung eines verbindlichen Lobbyregisters.
Ohne Lobbyismus kann die politische Arbeit nicht gelingen. Das mag zunächst wunderlich wirken, das wird mit dem genaueren Blick aber erkennbar, denn im Grundsatz entsteht mit dem Lobbyismus eine Unterstützung der politischen Arbeit in der EU sowie in den Bundes- und Landesministerien.

Nur dann, wenn die verschiedenen Interessengruppen auf den politischen Ebenen tatsächlich über alle nötigen Informationen verfügen, kann inhaltlich abgewogen werden mit dem Blick auf die Vorbereitung von z.B. Gesetzestexten. Das Fachwissen kann nicht bei allen Politikern*innen gleich ausgeprägt sein, dies zudem mit dem Blick auf die arg vielen Fachbereiche.

Die Analogie mit dem Blick auf die Gerichte:
Wenn Richter*innen bei Gericht Recht sprechen sollen zu einem Thema, in dem sich die Richter*innen inhaltlich nicht ganz sicher sind, dann haben Richter*innen die Möglichkeit ein Gutachten in Auftrag zu geben bei denjenigen, von denen sie wissen, dass die Beauftragten sich auskennen in dem Thema.

Ähnlich ist der Ansatz in der Politik. Politiker*innen sind z.B. mit dem Blick auf die Energiewende nicht zwingend Technik affin. In der Folge haben die Politiker*innen die Möglichkeit, entweder eine Studie in Auftrag zu geben, oder einen Fachkreis zu gründen. In den Fachkreis werden die Personen eingeladen, bei denen von einer Fachkompetenz ausgegangen werden kann.

Die Lobbygruppen haben entsprechende Expertisen in den Fachgebieten. In der Demokratie muss nicht nur die Meinungsfreiheit gegeben sein, sondern auch, wie mit dem Blick auf die Energiewende, muss die Technologieoffenheit ohne Diskriminierung gegeben sein, vorausgesetzt, dass diese Technologie nicht im Widerspruch steht zu geltenden Entscheidungen, wie z.B. zu dem Kohleausstieg.

Die Sachverhalte können nur dann diskriminierungsfrei entschieden werden, wenn aus den verschiedensten Möglichkeiten und mit den verschiedensten Potenzialen die gesamte Thematik betrachtet wird; das ist für den politischen Entscheidungsprozess sehr wichtig. Darum ist, bevor die Gesetze entschieden werden, die Anhörung von den Verbänden, die Anhörung der Wirtschaft, tatsächlich eine politische Vorschrift.

Ein Beispiel, mit dem sich die konträren Lobbyinteressen zeigen, ist der Ende 2023 wieder neu gestartete Entscheidungsprozess mit dem Blick auf das Glyphosat in der Landwirtschaft. Das Interesse der Gewinnmaximierung in der Landwirtschaft steht im Konflikt mit dem Interesse des Umweltschutzes.

Ein weiteres Beispiel hat sich hauptsächlich in England gezeigt mit der Erkrankung der Kühe mit dem Rinderwahn. Erst nachdem erste Erkrankungen bei den Menschen hingewiesen haben auf die Übertragbarkeit der Erkrankung Rinderwahn von den Kühen auf die Menschen durch die industrielle Produkterzeugung wie der Galantine, konnte sich die Lobby pro Rinderzucht nicht mehr durchsetzen gegenüber der Lobby pro Gesundheitswesen.

Als passendes Beispiel für Interesskonflikte zeige ich das Energieerzeugungsunternehmen RWE. RWE hatte Jürgen Grossmann im Jahr 2007 zum Vorstandsvorsitzenden gewählt mit dem Auftrag, RWE zukunftsfähig aufzustellen; "voRWEg gehen" ist der werbende Slogan gewesen.

Jürgen Grossmann war immer schon sehr innovativ und hat den Energieträger Wasserstoff erkannt als Säule einer zukunftsfähigen Energieinfrastruktur.

2010 war RWE der Hauptsponsor des Weltwasserstoff-Kongress in Essen; wir sind in diesem Verlauf des Weltwasserstoff-Kongress 2010 mit dem Wasserstoff-Anwenderzentrum h2herten eine Außenstelle gewesen und wir hatten den Kongressteilnehmern*innen demonstriert, wie die zukunftsfähige Energieinfrastruktur mit dem Wasserstoff funktioniert; beginnend bei der regenerativen Energieerzeugung, über die Energiespeicherung, bis hin zu der Bereitstellung der Energie elektrischer Strom und Wasserstoff.

Es waren die Aktionäre des RWE, die dem RWE Vorstandsvorsitzenden Jürgen Grossmann untersagt hatten, den Wasserstoff aufzunehmen in die zukunfts-fähigen Geschäftsfelder, weil der Energieträger Wasserstoff in die Konkurrenz geht zu den Geschäftsfeldern der Energieerzeugung mit den Kohlekraftwerken und mit den Atomkraftwerken. Es waren die Aktionäre des RWE, die dem RWE Vorstandsvorsitzenden Jürgen Grossmann die Aussage auferlegt haben, dass das RWE für Kohlestrom und Atomstrom steht.

Am 11.03.2011 geschah in Japan der Supergau am Atom-kraftwerk Fukushima, aus der die politische Entscheidung entstanden ist zum Atomausstieg mit der Begründung, dass, wenn das weltweit führende Atomtechnologie-Know-how Japans nicht in der Lage ist einen solchen Supergau zu verhindern, dann können wir das auch nicht.

Jürgen Grossmann wäre als Person genau der richtige Vorstandsvorsitzende gewesen für das RWE, aber aufgrund der ihm von den RWE Aktionären auferlegten Aussage, dass das RWE für Kohlestrom und Atomstrom steht, wäre Jürgen Grossmann mit dem Blick auf eine Wiederwahl zum Vorstandsvorsitzenden nicht mehr glaubwürdig gewesen für Außenstehende.

Jetzt, im Jahr 2023, mit dem Hochlauf der Wasserstoffindustrie, wäre RWE froh, diese Aussage so nicht getätigt zu haben. Wenn RWE sich jetzt vorstellen kann, doch eher aus der Energieerzeugung mit der Braunkohle auszusteigen, als von der EU vorgegeben, dann deshalb, weil die Aktionäre des RWE erkannt haben, dass sich Aktien, welche die Energiewende tangieren mit dem Wasserstoff, besser verkaufen lassen, als Aktien, welche die Braunkohle tangieren.

Fazit: es sind nicht zwingend die Geschäftsführer*innen in den Unternehmen mit AG Aktiengesellschaft im Namen, es ist das Kapital, es sind die Aktionäre, die mit dem Ziel der maximal möglichen Wertschöpfung der aktuellen Geschäftsfelder der Innovation im Wege stehen können.

Fake-News, Fake-Videos ... was macht die Menschen so empfänglich dafür?

Keine Sorge, der Buchverlauf wird nicht zu tief gehen in die Psychologie, aber es braucht tatsächlich mit dem Blick auf die Aussichten mit der Energiewende, sowie mit dem Blick auf die aktive Lobby pro fossile Energieträger gegen die Energiewende, schon den ehrlichen Umgang mit den Hintergründen und mit den Auslösern.

Ihre Wahrnehmungen beeinflussen Ihre Entscheidungen und wenn Sie sich umgeben mit negativ eingestellten Menschen, dann werden Sie keine positiven Impulse erhalten.
Den Schalter umlegen, rauskommen aus der Summe der negativen Impulse, das liegt hauptsächlich an Ihnen, an Ihrer Bereitschaft zu hinterfragen.

Als Buch-Autor bewege und bleibe ich in dem Bereich, in dem ich mich sehr gut auskenne: die Energiewende.
An dieser Stelle ist das Buch eine herzliche Einladung sich zu lösen aus der Igelhaltung gegenüber der Energiewende und in den gemeinsamen Energiewendedialog zu kommen.

Für das Erkennen der Chancen und der Möglichkeiten mit der Energiewende sind wir uns bewusst, dass das Wichtige und dass das Richtige immer auch den ehrlichen und offenen Dialog braucht. Mit dem erweiterten Blick über das Johari-Fenster hinaus zeige ich Ihnen konkreter, wo sich die Zusammenhänge befinden und wie Sie die Zusammenhänge optimal einordnen können.

Vermutlich werden viele von Ihnen, liebe Leser*innen, den Begriff Johari-Fenster bisher noch nicht gehört haben.
Dabei erzeugt das Agieren der Menschen miteinander aber genau dieses Bild.
<u>Die jüngere Generation, die sich aktiv bewegt in und mit den sozialen Medien, setzt das mit dem Johari-Fenster gezeigte Zusammenspiel sogar ganz bewusst ein.</u>

Facebook, Instagram, X (zuvor Twitter), YouTube sind die Beispiele für beliebte, soziale Medien, in und mit denen sich nicht nur die Stars aus der TV- und Musik-Branche bewegen, sondern vielmehr auch die privaten Teilnehmer*innen mit den eigenen Profilen im Internet.

Dazu der Blick auf die Skizze Johari-Fenster auf der nach-folgenden Seite 57:
Die sozialen Medien funktionieren hervorragend mit dem Agieren und mit dem Reagieren:

+ Somit ist in der Skizze links oben die "Öffentliche Person", das Profil der Teilnehmer*innen in den sozialen Medien.

+ "Mein Geheimnis" ist der Pool an Informationen, aus dem das Profil fortlaufend bedient wird.

+ "Blinder Fleck" ist der Bereich derer, die reagieren; das können Likes sein, das kann aber auch Shitstorm bedeuten.

+ Spannender für alle wird es mit "Unbekanntes", weil dieser Bereich sehr viel Potenzial hat.

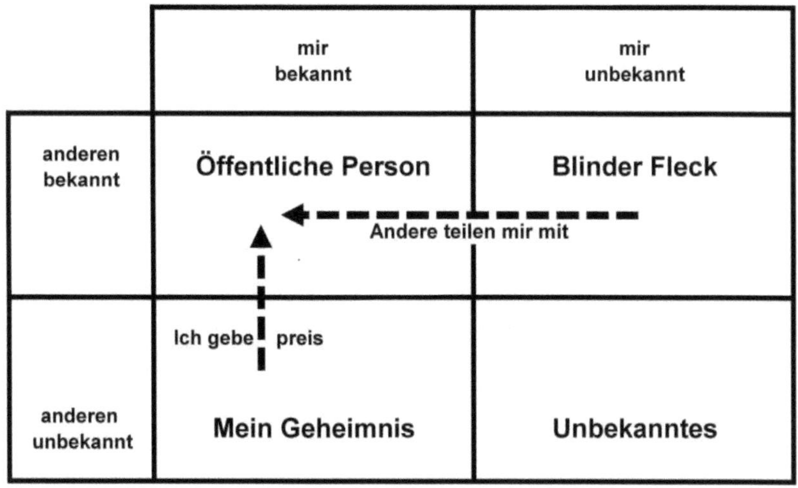

Skizze:
Im Jahr 1955 haben die amerikanischen Sozialpsychologen Joseph Luft und
Harry Ingham das Johari-Fenster vorgestellt.
Die Vornamen der Sozialpsychologen, Joseph und Harry, haben zu der
Namensgebung Johari-Fenster geführt.

Bevor wir uns dem Blick zuwenden, über das Johari-Fenster
hinaus, skizziere ich Ihnen eine Methodik, mit der Sie die
Thematik des Johari-Fensters entweder aus der passiven
Situation heraus anwenden können, z.B. für das Einholen
von Informationen oder sogar für das Lösen aus der
Igelhaltung, skizziere ich Ihnen eine Methodik, mit der Sie
für das eigene Engagement die Zielgruppen identifizieren
können.

Das Johari-Fenster kann und soll eine Dynamik auslösen,
egal ob zu einer einzelnen Person, oder zu einer Gruppe.

Typische Anwendungen, u.a. in Unternehmen, in Vereinen, können z.B. sein:
+ strukturierte Mitarbeitergespräche mit aktiver, gegenseitiger Unterstützung,
+ ehrenamtliche Engagements mit aktiver Einbindung weiterer Akteure,
+ den Verein stärkende Mitgliederakquise,
+ der Auf- und Ausbau von nachbarschaftlichen, wiederkehrenden Feiern,
+ … grundsätzlich alle Belange, die z.B. das Einbinden weiterer Interessen fokussieren.

Für die Einen ist ein halb gefülltes Glas, positiv gesehen, halb voll, für die Anderen ist ein halb gefülltes Glas, negativ gesehen, halb leer; trotz der identischen Ausgangslage.
Ihre Wahrnehmung beeinflusst Ihre Entscheidung und wenn Sie sich umgeben mit negativ eingestellten Menschen, dann werden Sie keine positiven Erfahrungen erhalten.
Somit den Schalter umlegen, raus aus den negativen Entwicklungen und das gelingt Ihnen, indem Sie sich das Johari-Fenster ansehen mit dem Aktion-Reaktion-Verhältnis.

Mit dem Blick auf die Energiewende hat das Johari-Fenster im Ergebnis, dass beginnend bei der Energieerzeugung bis hin zu den Anwendungen, alle Energiepfade vollständig gezeigt sein müssen, damit die Energiewende erkennbar wird als wichtig und richtig.

Die Lobby pro fossile Energieträger kann einer vollständigen Betrachtung der Energiewende schon lange nicht mehr standhalten, darum kommuniziert die Lobby pro fossile Energieträger gerne mit bewusst unvollständigen Aussagen, bis hin zu bewusst falschen Aussagen.

Der erweiterte Blick über das Johari-Fenster hinaus hat das Potenzial, grundsätzlich alle Belange zu identifizieren und die gemeinschaftlichen und/oder demokratischen Interessen zu fördern.

<u>Es sind nicht immer nur die manipulativen Einflüsse von außen, die die Menschen von dem Wichtigen und/oder von dem Richtigen wegsehen lassen, z.B. kann auch die eigene Bequemlichkeit ein Auslöser sein für das Wegsehen von dem Wichtigen und/oder von dem Richtigen.
Der Rebound-Effekt, bereits gezeigt mit den Seiten 14 und 15, ist ein passendes Beispiel dafür.</u>

Das Hinterfragen ist die wichtigste Basis, damit Sie auf die im Internet zahlreichen Fake-News und Fake-Videos nicht hereinfallen.

Mit der Energiewende werden sehr komplexe Zusammenhänge optimiert, so dass nicht an allen Stellen zugleich das Optimale möglich wird; zahlreiche Entwicklungen gehen voraus und andere Entwicklungen folgen.
An dieser Stelle noch einmal die Frage, weil es sehr deutlich den Bedarf der schrittweisen Anpassungen bedarf:

Glaubt denn wirklich jemand, dass die von Thomas Alva Edison entwickelte Glühlampe das Ergebnis ist gleich vom ersten Ansatz an?
Die Dampfmaschine bekam 1769 durch James Watt eine entscheidende Verbesserung, worauf hin er ein Patent erhielt.

Nicht alles, was sich zeigt als zukunftsfähig und erfolgreich zugleich, wird vom ersten Moment an von dem Menschen mit Applaus angenommen.
Mit dem Blick auf die Energiewende trifft das sehr genau zu, zum Teil aus Verunsicherung, zum Teil aufgrund der im Internet verbreiteten Fake-News und Fake-Videos.

Bevor der Energieträger Wasserstoff eingetreten ist in die Energiedialoge, wurden seitens der Energie produzierenden Unternehmen, durch die Betreiber der Kohlekraftwerke, die Wind- und die Solarenergie begrüßt als "grüne Ergänzung", weil die Energieerzeugung mit dem Wind und mit der Sonne nicht gleichmäßig verläuft, sondern vielmehr fluktuierend.

Somit konnte die Energieerzeugung mit dem Wind und mit der Sonne keine Grundlast bieten, konnte die regenerative Energieerzeugung keine Basis sein für die Versorgungssicherheit. Geändert hat sich das mit der Ergänzung durch den Wasserstoff; in den Zeiten mit übermäßig viel Wind- und Sonnenenergieerzeugung kann mit dem Zuviel an elektrischer Energie, welche die elektrischen Netze nicht aufnehmen können, Wasserstoff produziert werden, der in den Zeiten, in denen nicht genug Wind- und Sonnenenergieerzeugung zur Verfügung steht, durch die Rückverstromung das Zuwenig an elektrischer Energie ergänzen. Alternativ wird mit dem Blick auf den Wirkungsgrad der Wasserstoff direkt genutzt.

Ab diesem Zeitpunkt ist die Lobby pro Kohle gegen den Wasserstoff mit Fake-News und Fake-Videos angetreten.

Laut wurden die Stimmen pro fossile Energieträger gegen den Wasserstoff und eine hitzige Diskussion ist entstanden; oft mit unberechtigten Fragestellungen der Lobby pro Kohle mit dem Ziel des Ausbremsens der Energiewende.

Nicht selten sind die lautesten Kritiker mit ablehnender Position bei genauer Betrachtung eher nervös, weil man das anvisierte Ziel ausbremsen will.
1995 sind wir in der Region Emscher-Lippe:
+   10 Städte des Kreises Recklinghausen,
+ Bottrop,
+ Gelsenkirchen
gestartet mit dem Fokus Energiespeicher Wasserstoff.

Für die wenigen Höflichen waren wir Visionäre, für die Anderen waren wir "Spinner". 2003 haben wir mit unseren nachhaltigen Ergebnissen landesweit überzeugt und den NRW Landesauftrag erhalten zur Koordinierung der Wasserstoff- und Brennstoffzellenaktivitäten im nördlichen Ruhrgebiet. Heute wissen wir, dass diejenigen, die gegen uns interveniert haben mit unvollständiger und mit bewusst falscher Lobby, selbst bestrebt sind um einen Einstieg in den Wasserstoffmarkt.

Zuversicht und Klarheit im Ziel. Es ist nicht eine Frage der Interpretation, es ist der ehrliche Dialog, der eine starke Basis bietet.

Der Erfolg ist gekoppelt an dem Erfolg der Gesprächs-PARTNER*innen:
+   Chancen identifizieren außerhalb der Routine,
+   Neugier verbinden mit Inspiration,
+   das führt auch auf noch unbekannte Wege.

Entdecke die Potenziale an den Tangenten und erkenne die Bestätigung durch die schärfsten Kritiker. Je intensiver die Motivation der Störenden ist, umso größer ist das Potenzialraster mit den sich daraus ergebenden Chancen und Möglichkeiten.

<u>Die Energiewende wird heute erkannt als wichtig und richtig für den Umweltschutz und für die maximal mögliche Reduzierung der Auswirkungen durch den Klimawandel.</u>

Aber das ist nicht immer so gewesen. Zu Beginn wurde die Energiewende gesehen als Störung in den Betriebsabläufen der Energieerzeugung.
Mitarbeiter*innen, die in den Unternehmen im Sinne der Energiewende vorgetragen haben, wurden als störend empfunden und ermahnt, bis hin zur Androhung z.B. der Versetzung.

Vor der Störung im Betriebsablauf gibt es den einen routinierten Ablauf. Die Störung im Betriebsablauf erschließt jedoch Chancen und Möglichkeiten, die sich sonst oft gar nicht zeigen aufgrund der Betriebsblindheit.

Vor diesem Hintergrund entstehen durchaus Fake-News mit dem Ziel des Ausbremsens.

Die Störung im Betriebsablauf erschließt mehrere Wege:
+	entweder den Weg, der das Handeln fortsetzt durch den zeitlichen Austausch der Tagesagenda,
+	oder den Weg, der der Spontanität und der Kreativität freien Lauf lässt.

Ich bevorzuge den Zweiten Weg, denn der Weg ist der mit den "ausgefahrenen Antennen", der die Neugier verbindet mit der Inspiration, der mit der Lust auf das Unvorhergesehene, der mit dem Genuss der Vielfalt.

<u>Nicht immer ist eine Alternative von Erfolg gekrönt und die flüchtig Schauenden neigen dazu, die Alternative als Fehler zu sehen. Jedoch sind Fehler im positiven Sinn an erster Stelle Ergebnisse.</u>

Ergebnisse sind die Basis aller Entwicklungen:
+	Versuchen Sie bitte einmal einen "Fehler" zu sehen als Entscheidungshilfe.
+	Als echten Fehler interpretiere ich das, was im Sinne des Strafgesetzbuches von der Staatsanwaltschaft verfolgt werden muss.
+	Als Fehler interpretiere ich ein unsoziales Verhalten, wie z.B. der Egoismus.

Eine Idee oder eine sich zeigende Chance wird von den Anderen manchmal auch mit einem "Nein" beurteilt.
Nicht so bei mir. Der Königsweg ist für mich, dass mein "Nein" den anderen gegenüber nie alleine steht.

Das Nein wird verbindend und ergänzend und sogar reich
an Potenzial:
+   mit "Nein, aber wollen wir nicht stattdessen ...?",
+   oder mit: "Nein, was hältst Du von der Idee ...?",
+   oder mit: "Nein, wir zusammen haben stattdessen
         die Chance ...".

Wer mich mit einer Idee nur beladen will, wird, wenn einmal
mit einbezogen, so schnell nicht wiederkommen.
Wer tatsächlich mein Mitwirken sucht, bekommt von mir
eine faire, ehrliche und zugleich nachhaltige Basis; meine
ergänzende Gestaltung ist Motor und Energie zugleich.

N   och
E   ine
I   nformation
N   ötig

„Bleib so wie Du bist" ist ein vielleicht geäußerter Wunsch
im Job, in dem familiären Umfeld oder in der Außenwelt,
und klingt zunächst verbindend. „Bleib so wie Du bist" ist
jedoch fast immer ein wortgewandtes Werkzeug der
Bequemlichkeit der Anderen, damit man deren L(i)ebens-
modell entspricht.

Die Erfolge spiegeln uns unser Wirken, trainieren unsere
Beitragsfähigkeiten in dem Miteinander. Wenn wir uns nur
an dem orientieren, was uns als erfolgreich vorgegaukelt
wird mit verlockenden, einfach klingenden Lösungen, dann
unterliegen wir sehr schnell den Fake-News und Fake-Videos.

Die langfristig Erfolgreichen agieren bewusst teamfähig und l(i)eben die Eigenschaften wie Loyalität, wie Pflichtgefühl, wie Fürsorglichkeit, wie Gerechtigkeit und wie Mut.
Die langfristig Erfolgreichen agieren abseits der Routinen mit der Spontanität und der Kreativität.
Das Ergebnis: ein "gutes Gewissen" führt ganz schnell in die verdiente Gelassenheit.

E   in
R   ichtiger
F   ilter
O   hne
L   ieblose
G   ewohnheiten

<u>Der Chancen-Akquise die nötige Aufmerksamkeit geben!</u>

Ja, eine differenzierte, eigens hinterfragte Position eröffnet wunderbar viele Potenziale und Chancen; es entstehen sehr spannende Impulse mit dem Hinterfragen.
Tatsächlich muss ich mit einer guten Vertrauensbasis weder im privaten Umfeld, noch im beruflichen Kontext grundsätzlich alles prüfen, sonst müsste ich an meinem Auto die Räder gegen Würfel tauschen um zu sehen, ob die Räder oder die Würfel einen optimaleren Bremsweg haben; dies mit allen daraus resultierenden Konsequenzen der Bequemlichkeit beim Fahren.
Herrjeh, ich habe gerade Kopf-Kino 😊 Das Hinterfragen bereichert sogar den Humor.

Das Hinterfragen in der Schule hat bei meinen damaligen Lehrern*innen manchmal die Antwort erzeugt: „Weil das so ist, lies einfach das ***-Buch." Von da an ist mir klar gewesen, dass ich selbst auch ein Buch schreiben werde und da stehen dann Dinge drin, die auch anderen das Hinterfragen ermöglichen, die andere einladen in die gemeinsame Betrachtung und in die Chancen-Akquise; auch wenn ich damals als Kind noch nicht den heutigen Wortschatz hatte.

Reporte erstellt habe ich schon seit meinem 21. Lebensjahr. Ja, die Begriffe Verbindlichkeit, Vertrauen und Verantwortungsbewusstsein tauchen immer dann auf, wenn es z.B. um das Gelingen des Miteinanders in der Gesellschaft geht und/oder um den Beruf geht. Die Lebenserfahrung zeigt, dass Menschen trotz allerbester Referenzen trotzdem problematisch sein können für andere, aufgrund der unterschiedlichen Sichtweisen.

Ehrlichkeit, auch dann, wenn sie mir selbst unbequem ist, weil ich z.B. etwas vergessen habe, das ich zuvor zugesagt hatte; das ist die grundsätzliche Basis. Der ehrliche Umgang bietet den Lösungsfindungen mit einladenden Engagements die wichtigen Vertrauensanker.
Eine tatsächlich sehr verantwortungsvolle Diplomatie den Anderen gegenüber kann die Basis festigen.
Das klingt für Sie jetzt abgehoben? Zu dieser Sicht mag manche*r neigen, aber in der Realität lösen genau diese Zusammenhänge wertvolle und ermöglichende Impulse aus.

<u>Wie wollen wir die wichtige Energiewende ermöglichen, ohne das verbindende Vertrauen?</u>

Wir kennen vieles, aber es braucht das gemeinsame Wirken für das Vollständige.

Ja, mit dem Heraustreten aus der Routine und mit dem Hinterfragen:
+   wird man sichtbar für andere,
+   sowohl im Job,
+   wie auch im privaten Umfeld
+   und man wird für die Bequemen vielleicht zunächst auch ein bisschen fremd und angreifbar.

Wir alle bekommen über die sozialen Medien, wie auch z.B. mit WhatsApp unzählige Fake-News und Fake-Videos, die im ersten Moment vielleicht sogar lustig wirken können, Fake-News und Fake-Videos, die aber sehr oft bewusst erstellt worden sind um z.B. die Energiewende auszubremsen, indem der der Eindruck entsteht: Wenn so viele das teilen und weiterleiten, dann muss ja etwas daran sein.

Ja, das Hinterfragen mach uns sichtbar und wenn man dann mit der eigenen, mit der korrekten Sicht gegenhält, gegen die Fake-News und Fake-Videos, dann kann man angreifbar werden.
Darum schweigen nicht wenige, wenn die Fake-News und die Fake-Videos zur Energiewende auftauchen, so dass damit der falsche Eindruck entsteht, dass die Fake-Botschaft eine breite Akzeptanz hätte. Das Hinterfragen braucht Mut.

<u>Wie gehen Sie vor, wenn Sie sich entscheiden dürfen?
Ist das nicht eine sehr interessante Fragestellung?
Es ist sogar die alles entscheidende Fragestellung!</u>

Ich habe in all meinen Impuls-Referaten über die Jahre festgestellt, dass es durchaus einen Unterschied gibt:
+ zwischen den Generationen,
+ der geprägt ist auch von der Bequemlichkeit und der Schnelllebigkeit.
+ Während Senioren*innen aktiv teilnehmen im Dialog zu meinen Impuls-Referaten mit dem Infragestellen,
+ des Gleichen die Teilnehmer*innen in der Altersgruppe mit aktuell 40 Jahren und älter,
+ ist die aktuelle Altersgruppe Schüler*innen, Auszubildende, Jungarbeitnehmer*innen eher träge und ich erkenne zunehmend: Die jungen Menschen hinterfragen eher selten, springen sogleich auf, auf den aktuellen Trend und leben mit dem Mainstream.
+ Wo kommt das her?

<u>Nicht alles, was veröffentlicht ist mit Wikipedia, ist inhaltlich auch korrekt. Das, was z.B. mit Facebook veröffentlicht wird, ist nicht selten Fake; trotzdem wird der Inhalt angenommen und ungeprüft geliked oder sogar ungeprüft instrumentalisiert.</u>

Fake-Meldungen und das Weiterleiten, z.B. über WhatsApp, ist allgegenwärtig.

Kennen Sie noch das alte Sprichwort: „Was Fritzchen als Kind nicht lernt, lernt Fritz als Erwachsener doppelt schwer."?

<u>Wenn Menschen mangels Aufmerksamkeit und mangels der Bereitschaft zum Hinterfragen, ausgelöst durch die Bequemlichkeit und die Schnelllebigkeit, zunehmend die Fähigkeit der Entscheidungsprozesse verlieren, ist den Extremisten*innen, egal ob z.B. religiös, politisch motiviert, Tür und Tor geöffnet.</u>

Wenn ich heute sehe:
+ dass junge Eltern den Kinderwagen schieben,
+ den Kinderwagen in der einen Hand, das Handy daddelnd in der anderen Hand,
+ wenn das Kind die jungen Eltern kontaktiert mit den Blicken und/oder dem Ansprechen und die jungen Eltern das nicht mitbekommen,
+ muss man dann davon ausgehen, dass auch diesen jungen Eltern ein kommunikatives Miteinander nicht ausreichend vorgelebt worden ist?
+ Vielleicht. Aber wie kann dieser Fehlentwicklung entgegengewirkt werden?

Erkennen auch Sie mit dem Blick auf manche TV-Angebote, dass die Kommunikation an sich unvollständig gelebt wird und dass damit Probleme auslöst werden können? Diese TV-Angebote sollen der Belustigung dienen, mit der Reaktion der Zuschauer*innen: „So bin ich zum Glück nicht."

Doch was dann kann/soll den jungen Menschen wertvolle Impulse und/oder Motivation geben?

An dieser Stelle ist vor ein paar Jahren ein sehr interessantes Phänomen aufgetaucht in den sozialen Medien, das sich Influencer nennt.

Beruf und/oder Berufung? Deutlicher und erkennbarer kann der Unterschied nicht sein, als mit den Influencern, weil am Ende ein Ergebnis geprägt ist auch durch das Vertrauen.

Vertrauen, da ist es wieder. Das Thema Vertrauen ist erkennbar unsere wichtige Basis in dem Miteinander; egal ob im Job, oder in dem privaten Umfeld.

I   mmer
N   eue
F   akten
L   ehren
U   ns
E   ine
N   ächste
C   hance
E   rgänzender
R   echerche

Die begriffliche Erklärung Influencer besagt, dass der englische Begriff "to influence" ins Deutsche übersetzt für das Beeinflussen steht, für das Einwirken, für das Prägen.

Diese vielleicht schlichte Betrachtung wird dem sehr hohen Anspruch nicht gerecht, denn Influencer sind nicht einfach nur Personen, welche aus dem eigenen Antrieb heraus Inhalte verbreiten in den unterschiedlichen Medien durch Texte, durch Bilder, durch Audios und/oder durch Videos.

Influencer erreichen zu einem Thema, das z.B. geprägt ist:
+	durch einen Trend (Mainstream),
+	durch eine Notwendigkeit (z.B. umweltpolitisch die Energiewende),
+	durch einen Auftrag (Messe/Kongress/Marketing) in möglichst steigender Frequenz eine breite Zielgruppe.

Nicht Wenige junge Menschen streben ein erfolgreiches Berufsleben als Influencer an und scheitern aufgrund fehlender Überzeugungskraft, welche begründet sein kann:
+	in fehlender Erfahrung,
+	in ungenügender Kenntnis an den Tangenten,
+	in fehlender eigener Überzeugung.

Die Politik, der Sport, der Journalismus, das Schauspiel und die sozialen Medien sind eine Basis für die Influencer, aber nur wenige Influencer haben sehr viel Aufmerksamkeit, sehr viele Follower. Warum?
Die Hürde ist das Vertrauen der Menschen.
Das Vertrauen wird erzeugt durch das Vorleben mit dem Blick auf die wichtigen, angestrebten Ergebnisse.

Aber was macht sie aus, die erfolgreichen Influencer?
Ist es nur das Vertrauen?
Nein:
+	Ganz sicher ist es auch der Mut anders zu sein,
+	der Mut auch einmal gegen den Strom zu schwim-men,
+	der Mut den möglichen Gegenwind, den Shitstorm auszuhalten.

<u>Den Gegenwind, den Shitstorm erfahren seit vielen Jahren die Akteure im Potenzialraster der Energiewende und genau das ist tatsächlich auch mir begegnet.</u>
<u>Wie kommt man also zu der erfolgreichen Umsetzung der Energiewende mit dem Vertrauen?</u>

Zu Beginn des Buchverlaufs hatte ich Ihnen berichtet, dass wir, damals gerade einmal vier Personen in der Region Emscher-Lippe, die im Jahr 1995 vorgetragen haben zu dem Thema Energieträger Wasserstoff, für die wenigen Höflichen Visionäre gewesen sind und für die Anderen einfach nur Spinner gewesen sind.
Im Jahr 1998 ist mit dem Aushalten und mit den konstruktiv vorgetragenen, realen Potenzialen ein überregionales Interesse entstanden mit viel Zuspruch. Auch wenn es in der Zeit vor dem Millenniumjahr 2000 das Wort Influencer noch nicht gegeben hat, wir waren und sind Influencer.

Dass uns die Kehrwende von "Spinner" gelungen ist hin zu dem überregionalen Interesse von tatsächlichen, zahlreichen Unternehmen und Organisation, bis hin zu dem NRW-Landesauftrag, hat eine Vertrauen schaffende Basis und da ist es wieder, das Vertrauen und der Mut zu hinterfragen und gegenzuhalten.

Ja, die Energiewende kostet Geld. Aber die Ergebnisse der Versicherungen zeigen, dass sich mit den Auswirkungen des zunehmenden Klimawandels die Schadensereignisse Sturm, Flut, Überschwemmungen, Hitze-Brände häufen und dass die zu erwartenden Kosten sehr viel höher ausfallen; vermutlich um den Faktor zehn und höher.

<u>Die verantwortungsvollen Influencer, die ihr Wirken nicht nur
ausrichten auf eine breite Zielgruppe, die vielmehr motivieren
zur ZUsammenKUNFT, haben ihren Blick unbedingt auch
über den Tellerrand zur Motivation mit der Teambildung:</u>

+ Erfolgreiche Influencer haben den Mut sich offen zu
  zeigen,
+ erfolgreiche Influencer sind die Abteilungsleiter der
  eigenen Ideen,
+ erfolgreiche Influencer sind der Zirkusdirektor der
  eigenen Begeisterung,
+ erfolgreiche Influencer sind die Tanzlehrer des
  eigenen inneren Drives.

Die Neugier verbindet mit der Inspiration die Lust auf das
Unvorhergesehene, mit dem Genuss der Vielfalt.
Ich entdecke mich selbst immer wieder neu und die Potenziale
an meinen Tangenten. Das schafft zum einen Energie und
zum anderen schafft das die wichtige Gelassenheit, damit
ich mich z.B. dem Chillen auch öffnen kann.

<u>Hirn, Herz und Humor auf Augenhöhe halten.</u>

Das klingt für die Strapazierten nicht selten eher nebulös,
tatsächlich aber ist das nichts anderes, als die Fairness sich
selbst gegenüber, den Mitmenschen gegenüber und den
Auftraggebern gegenüber.
Es ist wie beim Radio, da gibt es nicht nur aus oder an, da
gibt es stufenlos von leise bis laut sehr viele Einstellungen.

Mit dem Blick auf die Aussage von Henry Ford stelle ich zwischen "Du kannst oder Du kannst nicht" das Wollen, das über die jeweilige Dynamik entscheidet.

Es ist dann die Dynamik, die entscheidet:
+		ob man glaubhaft ist und Unterstützung findet mit der Tendenz "Du kannst",
+		oder ob man Ablehnung erfährt mit der Tendenz "Du kannst nicht".

Ich selbst bin der Motor und mit dem Starten sollte ich auch "Gas geben", weil sonst, als Dauerparker, entsteht neben der Langeweile auch der Frust.

Frust und Langeweile sind auch eine Basis für die Empfänglichkeit von Fake-News und Fake-Videos.

Wenn Ihnen jemand sagt, Sie/Er könne Ihnen innerhalb von wenigen Minuten die Energiewende erklären, dann sollten Sie äußerst skeptisch sein.

EU-/Bundes-/Landesweit denken und vor Ort handeln ist kein Widerspruch, sondern vielmehr dynamische Energiepolitik.

Dieses Buch ist eine Einladung in den Energiewendedialog und das nachfolgende Kapitel gibt mit den gezeigten Büchern Anregungen mit dem Blick auf die einander ergänzenden Themenbereiche Umwelt, Klima und Energie.

Anregungen

Sie finden mit den von mir veröffentlichten Büchern, aktuell, Stand heute mit 29 Büchern, ergänzende und auch sehr detaillierte Informationen in den Bereichen Energie, Klima, und Umwelt.
Ich veröffentliche die Bücher mit dem BoD Verlag und alle Bücher sind erhältlich bei allen Buchverlagen und auch bei den Online-Marktplätzen wie z.B. Amazon.

Bücher:
Links: DinA5, 120 Seiten, Begleitbuch = Wörterbuch + Sachbuch zugleich.
Rechts: DinA5, 260 Seiten, Hinter den Fassaden, Anspruch und Realität. Die Energiewende mit dem Wasserstoff.

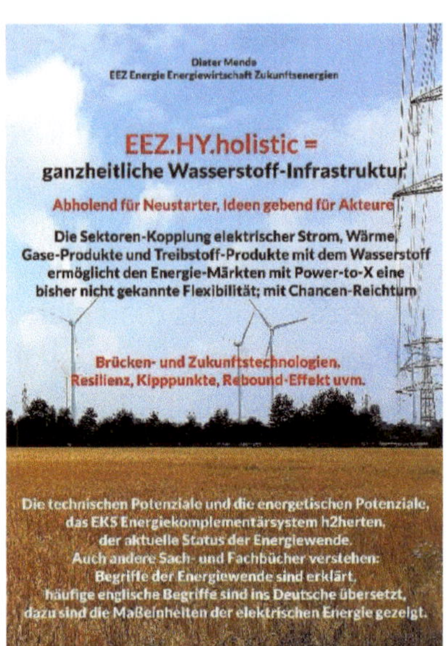

Bücher:
Links: DinA5, 206 Seiten, Aha, so macht Zukunft Freude. Energiewende, Anspruch und Realität: erleben und (er)fahren. Kupferplatte BRD vs. Wasserstoff.
Rechts: DinA4, 192 Seiten, EEZ.HY.holistic = ganzheitliche Wasserstoff-Infrastruktur. Brücken- und Zukunftstechnologien, Resilienz, Kipppunkte, Rebound-Effekt uvm.
Unten: DinA5, 74 Seiten, EEZ Energie Energiewirtschaft Zukunftsenergien. Der schnelle Einstieg in die Energiewende mit dem Wasserstoff.

Bücher:
Links: DinA4, 80 Seiten, KLIMA.helfen.DE. Schwarm-Beiträge für das gemeinsame Vielfache, Detail-Beiträge für die Chancen und Möglichkeiten.
Rechts: DinA4, 68 Seiten, UMWELT.helfen.DE. Spannende Schwarm-Beiträge, ideenreiche Details, Wohlfühl-Oasen, Garten und Balkon.
Unten: DinA5, 126 Seiten, Patient Deutschland: ein Fall für die Psychiatrie? Nein! Die Handbremse, die Igelhaltung nach Corona lösen. Die Zurückhaltung der Menschen bis hin zur Hysterie mit Verschwörungstheorien in der Energiewende.

Der Autor

Dieter Mende

Homepage:
www.eez-mende.de

Das Buch ist geschrieben mit dem Hintergrund des beruflichen Ausbildungsverlaufs sowohl in der Chemie, als auch in der Elektrotechnik, ergänzt mit dem Hintergrund Energie-Dialog EEZ Energie Energiewirtschaft Zukunfts-energien; ich selbst bin der Gründer des Energie-Dialogs EEZ am 05.07.1995.

Die berufliche Basis ist weit gefächert:
Seit September 1997 beauftragt mit der zentralen Leittechnik für Energiezentralen in dem Projektbüro Auto-matisierungstechnik eines regionalen Energieversorgungs-unternehmens; im November 2019 ist der Wechsel in die Abteilung Projektierung Netzbau elektrischer Strom erfolgt.
Seit Februar 2003 zunächst beauftragt mit den Aufgaben zum Auf- und Ausbau des regionalen Wasserstoff-Nukleus h2herten, anschließend beauftragt mit Aufgaben der Projekt- und Unternehmens-Akquise, der Marktkommunikation und der Netzwerkarbeit im Team des Wasserstoff-Anwender-zentrums h2herten.

In beiden Fällen ist den Arbeitgebern der sehr erfolgreiche Energie-Dialog EEZ aufgefallen, so dass daraus die Beschäftigungen entstanden sind.

Mein Antrieb zur Erstellung von Reporten und Büchern ist zum einen die Leidenschaft für die Herausstellung der Chancen und der Möglichkeiten im Potenzialraster der Energiewende mit dem Energieträger Wasserstoff, zum anderen der Ehrgeiz zum Auf- und Ausbau einer Wasserstoffinfrastruktur mit der Werbung branchenübergreifender Leistungsträger, mit der Identifizierung von zukunftsfähigen Beiträgen und den daraus entstehenden, einander ergänzenden Kompetenzen.

Den etablierten Unternehmen im Energiemarkt und deren anfänglichen Ablehnung gegenüber dem Energieträger Wasserstoff und dem Energiewandler Brennstoffzelle bin ich begegnet mit aussagekräftigen Ergebnissen der Potenzialanalysen, mit den Potenzialen der Sektorenkopplung Power-to-X, der Identifizierung von Alleinstellungsmerkmalen und mit den komplexen Projektanstößen vielschichtiger Interessen aller Beteiligten.
Mit dem Durchhaltevermögen und mit Geduld konnten auch anfängliche Skeptiker des Energieträgers Wasserstoff und des Energiewandlers Brennstoffzelle erfolgreich geworben werden in eine zukunftsfähige Infrastruktur in der Energiewende.

Mit dem Energie-Dialog EEZ bin ich langjähriges Mitglied im DWV Deutschen Wasserstoff- und Brennstoffzellen-Verband e.V.

Der DWV ist eines der in Europa erfolgreichen Sprach-rohre für den Energieträger Wasserstoff und für den Energiewandler Brennstoffzelle; der DWV spricht mit dem Ergebnis von über einhundert Industrie- und Forschungs-einrichtungen.

Mitgewirkt habe ich erfolgreich bei der Mitgliederakquise zur Gründung eines Beirats für h2herten, aus welchem durch die Erweiterung im Jahr 2008 der Beirat hervor-gegangen ist für das h2-netzwerk-ruhr.

Bild oben:
Das Wasserstoff-Anwenderzentrum h2herten: der regionale Wasserstoff-Nukleus im nördlichen Ruhrgebiet.

Bild links:
14.06.2019 Die Eröffnung der Wasserstoff-Tankstelle am Anwenderzentrum h2herten; im Hintergrund die ehemalige Zeche Auf Ewald.

Bilder: Dieter Mende; EEZ
Energie Energiewirtschaft Zukunftsenergien